控制测量实训教程

刘 岩 张齐周 谭立萍 主编

科学技术文献出版社
SCIENTIFIC AND TECHNICAL DOCUMENTATION PRESS
·北京·

图书在版编目（CIP）数据

控制测量实训教程/ 刘岩，张齐周，谭立萍主编. —北京：科学技术文献出版社，
2015.8（2020.1重印）
ISBN 978-7-5189-0377-1

Ⅰ.①控… Ⅱ.①刘… ②张… ③谭… Ⅲ.①控制测量 Ⅳ.① P221

中国版本图书馆 CIP 数据核字（2015）第 137165 号

控制测量实训教程

策划编辑：周国臻 责任编辑：周国臻 赵 斌 责任校对：赵 瑗 责任出版：张志平

出 版 者	科学技术文献出版社
地 址	北京市复兴路15号 邮编 100038
编 务 部	(010) 58882938，58882087（传真）
发 行 部	(010) 58882868，58882870（传真）
邮 购 部	(010) 58882873
官 方 网 址	www.stdp.com.cn
发 行 者	科学技术文献出版社发行 全国各地新华书店经销
印 刷 者	北京虎彩文化传播有限公司
版 次	2015 年 8 月第 1 版 2020 年 1 月第 3 次印刷
开 本	787×1092 1/16
字 数	160千
印 张	7.5
书 号	ISBN 978-7-5189-0377-1
定 价	28.00元

前　言

　　《控制测量》课程实践操作性强，理论授课与课间实训需要相互结合，交叉进行教学。《控制测量》课程内容分为3个部分，即理论教学、单项实训和控制测量综合实训，实训教学在本门课程所占教学学时数比重较大，约三分之二。本教材编写过程中，注重理论与实践相结合，特别强调培养学生的创新思维和实际动手能力，在巩固课堂所学理论知识的基础上，加深对控制测量基本理论的理解，能够用相关理论指导作业实践，做到理论与实践相统一，提高分析和解决控制测量技术问题的能力；同时要加强学生规范意识，理解并掌握国家规范的相关条款，将其作为进行控制测量工作的技术依据。通过完成控制测量单项实训项目和综合实训项目的基本技能训练，使学生熟悉控制测量外业观测与内业计算工作的全过程，增强规范意识，学会使用测量规范，利用各种技术手段进行各等级控制网的布设、数据采集和处理的基本方法与技能。

　　《控制测量实训教程》分为五大部分：第一部分是控制测量实训须知，主要内容是仪器的使用制度、实训纪律和实训注意事项；第二部分是控制测量单项实训，是指在控制测量课程的学习进程中所进行的单项测量基本技能训练，主要内容有方向观测法观测水平角、一级导线测量、二等水准测量及测量数据的平差计算等；第三部分是控制测量综合实训，是在控制测量全部课程之后所进行的控制测量综合能力训练，综合实训需要完成（或模拟）一项控制测量任务，即从外业勘测、选点、观测、计算、技术总计等一项完整的任务；第四部分是全站仪简要操作手册，介绍了南方全站仪和托普康全站仪的简要使用方法；第五部分是附表部分，主要是控制测量实训中常用的外业观测记录表格和计算表格。

目　录

第一部分　控制测量实训须知 1

第二部分　控制测量单项实训 4
    实训项目一　J_2 经纬仪的认识与使用 4
    实训项目二　测回法观测水平角和竖直角 7
    实训项目三　方向观测法观测水平角 9
    实训项目四　经纬仪视准轴误差和垂轴误差的测定方法 11
    实训项目五　全站仪角度和距离测量的方法 13
    实训项目六　一级导线测量的外业数据采集 14
    实训项目七　导线测量外业观测数据的化算 16
    实训项目八　附合导线简易平差的计算方法 18
    实训项目九　平差易软件计算附合导线 20
    实训项目十　三等水准测量观测实习 22
    实训项目十一　精密水准仪 i 角的检验方法 23
    实训项目十二　二等水准测量 25
    实训项目十三　平差易软件进行水准测量平差 28
    实训项目十四　五等三角高程测量 30
    实训项目十五　平差易软件进行三角高程测量平差计算 32
    实训项目十六　测量坐标系的转换 33
    实训项目十七　控制测量技术总结 35

第三部分　控制测量综合实训 39
    控制测量综合实习任务书 39
    控制测量综合实习指导书 42
    控制测量综合实习考核标准 49
    控制测量综合实习一般要求 51

第四部分　全站仪简要操作手册 55
    南方全站仪简要说明书 55
    拓普康全站仪简要说明书 59

第五部分 附表 64

  附表1 测回法观测水平角记录表 64

  附表2 测回法观测竖直角记录表 66

  附表3 水平角方向观测法记录表 68

  附表4 导线观测记录表 72

  附表5 高、低点法测定视准轴和横轴误差记录表 80

  附表6 一（二）等水准观测记录表 84

  附表7 水准仪i角检验记录表 92

  附表8 三角高程计算表 94

  附表9 导线平差计算表 100

  附表10 高程平差计算表 106

第一部分　控制测量实训须知

控制测量实训是为掌握控制测量基本技能所进行的训练，对学生良好的职业素养养成起着重要的作用。在实训中，认真进行测量仪器的操作应用和控制测量实践训练，才能真正掌握控制测量的基本原理和基本技术方法。

一、实训与实习一般要求

1. 实训或实习课前，应阅读教材中有关内容和预习《控制测量实训教程》中相应项目。了解学习的内容、方法和注意事项；

2. 实训或实习是分小组进行的。学生班学习委员向任课教师提供分组的名单，确定小组负责人；

3. 实训和实习是集体学习行动，任何人不得无故缺席或迟到；应在指定场地进行，不得随便改变地点；

4. 在实训和实习中认真地观看指导老师的示范操作，在使用仪器时严格按操作规则进行。

二、使用测量仪器规则

测量仪器是精密光学仪器，或是光、机、电一体化贵重设备，对仪器的正确使用、精心爱护和科学保养，是测量人员必须具备的素质，也是保证测量成果的质量、提高工作效率的必要条件。在使用测量仪器时应养成良好的工作习惯，严格遵守下列规则。

1. 仪器的携带

携带仪器前，检查仪器箱是否扣紧，拉手和背带是否牢固。

2. 仪器的安装

（1）安放仪器的三脚架必须稳固可靠，特别注意伸缩腿稳固；

（2）从仪器箱提取仪器时，应先松开制动螺旋，用双手握住仪器支架或基座，放到三脚架上。一手握住仪器，一手拧连接螺旋，直至拧紧；

（3）仪器取出后，应关好箱盖，不准坐在箱上。

3. 仪器的使用

（1）仪器安装在三脚架上之后，无论是否观测，观测者都必须守护仪器；

（2）应撑伞，给仪器遮阳，雨天禁止使用仪器；

（3）仪器镜头上的灰尘、污痕，只能用软毛刷和镜头纸轻轻擦去，不能用手指或其他物品擦，以免磨坏镜面；

（4）制动螺旋不要拧得太紧，微动螺旋不要旋转至尽头。

4．仪器的搬迁

（1）贵重仪器或搬站距离较远时，必须把仪器装箱后再搬；

（2）水准仪近距离搬站，先检查连接螺旋是否旋紧，松开各制动螺旋，收拢三脚架，一手握住仪器基座或照准部，一手抱住脚架，稳步前进。

5．仪器的装箱

（1）从三脚架上取下仪器时，先松开各制动螺旋，一手握住仪器基座或支架，一手拧松连接螺旋，双手从架头上取下装箱；

（2）在箱内将仪器正确就位后，拧紧各制动螺旋，关箱扣紧。

三、外业记录规则

1．观测记录必须直接填写在规定的表格内，不得用其他纸张记录再行转抄；

2．凡记录表格上规定填写的项目应填写齐全；

3．所有记录与计算均用铅笔（3H或4H）记载。字体应端正清晰，字高应稍大于格子的一半。一旦记录中出现错误，便可在留出的空隙处对错误的数字进行更正；

4．观测者读数后，记录者应立即回报读数，经确认后再记，以防听错、记错；

5．禁止擦拭、涂改与挖补。发现错误应在错误处用横线划去，将正确数字写在原数上方，不得使原字模糊不清。淘汰某整个部分时可用斜线划去，保持被淘汰的数字仍然清晰。所有记录的修改和观测成果的淘汰，均应在备注栏内注明原因（如测错、记错或超限等）；

6．禁止连环更改，若已修改了平均数，则不准再改计算得此平均数之任何一项原始数。若已改正一个原始读数，则不准再改其平均数。假如两个读数均错误，则应重测重记；

7．读数和记录数据的位数应齐全。如在普通测量中，水准尺读数0325；度盘读数4°03′06″，其中的"0"均不能省略；

8．数据计算时，应根据所取的位数，按"4舍6入，5前奇进偶舍"的规则进行凑整。如1.3144，1.3136，1.3145，1.3135等数，若取三位小数，则均记为1.314；

9．每测站观测结束，应在现场完成计算和检核，确认合格后方可迁站。实验结束，应按规定每人或每组提交一份记录手簿或实训报告；

10．成果的记录、计算的小数取位要按规定执行。各等级导线测量和水准测量的记录与计算的数字取值精度见表1-1和表1-2。

表1-1　精密导线测量的数字取值精度

等级	观测方向值及各项改正数（″）	边长观测值及各项改正数（m）	边长与坐标（m）	方位角（″）
二等	0.01	0.0001	0.001	0.01
三、四等	0.1	0.001	0.001	0.1
一级及以下	1	0.001	0.001	1

表1-2 精密水准测量的数字取值精度

等级	往（返）测距离总和（km）	往返测距离中数（km）	测站高差（mm）	往（返）测高差总和（mm）	往返测高中数（mm）	高程（mm）
二等	0.01	0.1	0.01	0.01	0.1	0.1
三等	0.01	0.1	0.1	1.0	1.0	1.0
四等	0.01	0.1	0.1	1.0	1.0	1.0

第二部分 控制测量单项实训

实训项目一 J₂经纬仪的认识与使用

一、实训目的

1. 熟悉J₂经纬仪各部件的名称及作用；

2. 熟悉J₂经纬仪的操作步骤、水平角及竖直角的读数方法；

3. 熟悉J₂经纬仪度盘配置的方法。

二、实训仪器与工具

每实训小组的仪器：J₂经纬仪1台、测钎2个、记录板1块、自备铅笔1根。

三、经纬仪的认识与使用方法

1. J₂经纬仪的认识（图2-1）

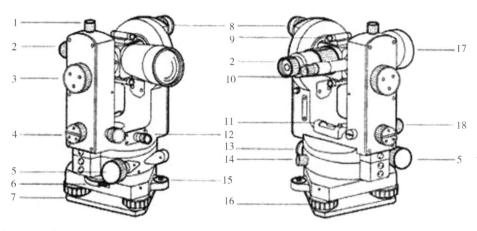

1—垂直制动螺旋；2—望远镜目镜；3—度盘读数测微轮；4—度盘换像轮；5—水平微动螺旋；6—水平度盘位置变换轮；7—基座；8—垂直度盘照明镜；9—瞄准器；10—读数目镜；11—平盘水准管；12—光学对中器；13—水平度盘照明镜；14—水平制动螺旋；15—基座圆水准器；16—脚螺旋；17—望远镜物镜；18—垂直微动螺旋

图2-1 J₂经纬仪的组成部件

2. J₂经纬仪的使用

（1）经纬仪的安置

1）三脚架对中

将三脚架安置在地面点上。要求：高度适当，架头概平，大致对中，稳固可靠。伸缩三脚架架腿调整三脚架高度，在架头中心处自由落下一小石头，观其落下点位与地面点的偏差，若偏差在3cm之内，则实现大致对中。三脚架的架腿尖头尽可能插进土中。

2）经纬仪对中

① 安置经纬仪：从仪器箱中取出经纬仪放在三脚架架头上（手不放松），位置适中。另一手把中心螺旋（在三脚架头内）旋进经纬仪的基座中心孔中，使经纬仪牢固地与三脚架连接在一起。

② 脚螺旋对中：这是利用基座的脚螺旋进行精密光学对中的工作。

a. 光学对中器对光（转动或拉动目镜调焦轮），使之看清光学对中器的分划板和地面，同时根据地面情况辨明地面点的大致方位；

b. 二手转动脚螺旋，同时眼睛在光学对中器目镜中观察分划板标志与地面点的相对位置不断发生变化情况，直到分划板标志与地面点重合为止，则用脚螺旋光学对中完毕。

3）三脚架整平

① 任选三脚架的两个脚腿，转动照准部使管水准器的管水准轴与所选的两个脚腿地面支点连线平行，升降其中一脚腿使管水准器气泡居中；

② 转动照准部使管水准轴转动90°，升降第三脚腿使管水准器气泡居中。

升降脚腿时不能移动脚腿地面支点。升降时左手指抓紧脚腿上半段，大拇指按住脚腿下半段顶面，并在松开箍套旋钮时以大拇指控制脚腿上下半段的相对位置实现渐进地升降，管水准气泡居中时扭紧箍套旋钮。整平时水准器气泡偏离零点少于2或3格。整平工作应重复一两次。

4）精确整平

① 任选两个脚螺旋，转动照准部使管水准轴与所选两个脚螺旋中心连线平行，相对转动两个脚螺旋使管水准器气泡居中。管水准器气泡在整平中的移动方向与转动脚螺旋左手大拇指运动方向一致；

② 转动照准部90°，转动第三脚螺旋使管水准器气泡居中。重复①、②使水准器气泡精确居中。

（2）瞄准目标

1）正确做好对光工作，先使十字丝像清楚，后使目标像比较清楚；

2）大致瞄准，即松开水平、垂直制动螺旋（或制动卡），按水平角观测要求转动照准部使望远镜的准星对准目标，旋紧制动螺旋（或制动卡）；

3）精确瞄准，即转动水平、垂直微动螺旋，使望远镜的十字丝像的中心部位与目标有关部位相符合。

（3）水平度盘配置方法

例如将某方向的水平度盘读数配置为35° 35′ 35″，其操作方法如下：

1）粗瞄被照准目标，水平制动，利用水平微动螺旋精确照准目标；

2）调整度盘换像手轮，使刻划线处于水平位置，此时读数窗口显示的是水平度盘影像；

3）打开水平度盘反光镜，观察读数窗口，转动度盘测微轮，在测微器配置出不足10′的读数，即5′35″；

4）打开度盘变位钮保护盖（或挂上挡），旋转度盘变位钮，配置度盘读数，本例为35°30′。特别注意，此时应使对径分划线尽量精密接合；

5）关闭度盘变位钮保护盖（或摘开挡）。检查照准目标的准确性，通过旋转测微螺旋使度盘的对径分划线精密接合，然后进行读数（度盘读数+测微器读数）；

6）对于光学经纬仪，要使配置的读数与预设值一秒不差几乎是不可能的。通常相差在10″之内就可以了，取实际值。

（4）水平度盘读数方法

首先调整度盘换像手轮，使读数窗口显示出水平度盘读数影像，读数视窗如图2-2所示：

1）先将读数窗口内对径分划线上、下对齐；

2）读取窗口最上边的度数（74°）和中部窗口10′的注记（40′）；

3）再读取测微器上小于10′的数值（7′16″）；

4）将上述的度、分，秒相加，即水平度盘读数为（74°47′16″）。

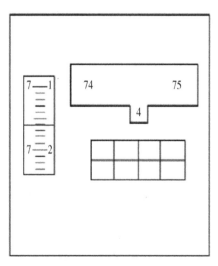

图2-2 J₂读数窗口

（5）竖直度盘读数方法

调整度盘换像手轮，使刻划线处于竖直位置，此时读数窗口显示的为竖直度盘读数影像，其读数方法同水平角读数方法完全一致。

四、实训内容

1. 认识仪器整体结构及各部件的名称、位置、功能，掌握各部件的使用方法；

2．固定照准部制动螺旋，慢慢旋转水平微动螺旋，同时观察读数窗内刻划线的运动情况，然后旋转测微轮，观察测微器刻划线运行情况，验证重合读数法的读数原理；

3．每人在2～4个不同度盘测微器位置上读数并作记录，同时描绘读数窗中的影像图（含度盘读数、测微器读数及度盘对径分划线），掌握对径重合读数方法；

4．任意瞄准一目标，由组长配置水平度盘读数为0°00′30″±10″，然后组员分别通过测微器使对径分划线精密结合并读数，记录读数差值；

5．选择有一定坡度的地点，进行经纬仪对中整平练习；

6．每实训小组在实训场地选定一个测站点，另选两个目标点，每人独立进行对中、整平、瞄准、度盘的配置、水平度盘读数、竖直度盘读数及观测数据记录等工作。

五、技术要求

1．对中误差小于2mm；

2．整平误差小于1格。

六、注意事项

1．读水平角时，需要将水平角反光镜打开；读竖直角时，需要将竖直角反光镜打开；

2．瞄准目标后，进行读数时，应旋紧制动螺旋；

3．度盘对径分划一定要严格对齐才能读数，否则数据将不准确；

4．配置度盘后，如果对径分划线没有精确重合，需要旋转测微轮，重新进行读数。

七、上交资料

每人编写实训报告编写提纲，其主要内容如下：

1．实训项目名称、目的、时间及地点；

2．所用经纬仪的名称与编号；

3．脚螺旋对中和架腿对中有什么区别，都在什么情况下使用；

4．配置度盘读数的方法。

实训项目二　测回法观测水平角和竖直角

一、实训目的

1．掌握测回法观测水平角操作步骤、记录和计算方法；

2．掌握测回法观测竖直角操作步骤、记录和计算方法。

二、实训仪器与工具

每实训小组的仪器：J_2经纬仪1台、测钎2个、记录板1块、自备铅笔1根。

三、测回法水平角观测方法

1. 在测站点安置经纬仪，对中、整平。

2. 观测方法

（1）盘左观测：按顺时针转动照准部的方向瞄准目标；在分别瞄准目标后立即读数、记录。

（2）盘右观测：沿横轴纵转望远镜180°，转动照准部使仪器处于盘右位置；按逆时针转动照准部的方向瞄准目标；在分别瞄准目标后立即读数、记录。

3. 计算公式，视准轴误差$2C=L-R\pm180°$

一测回角值：$\alpha=\frac{1}{2}(\alpha_{左}+\alpha_{右})$

四、测回法竖直角观测方法

1. 安置好经纬仪后，盘左位置照准目标，转动竖盘指标水准管微动螺旋，使水准管气泡居中（符合气泡影像符合）后，读取竖直度盘的读数L。记录者将读数值L记入竖直角测量记录表中；

2. 根据竖直角计算公式，在记录表中计算出盘左时的竖直角$\alpha_{左}$；

3. 再用盘右位置照准目标，转动竖盘指标水准管微动螺旋，使水准管气泡居中（符合气泡影像符合）后，读取其竖直度盘读数R。记录者将读数值R记入竖直角测量记录表中；

4. 根据竖直角计算公式，在记录表中计算出盘右时的竖直角$\alpha_{右}$；

5. 计算一测回竖直角值和指标差。

竖直角：$\alpha=\frac{1}{2}(\alpha_{左}+\alpha_{右})=\frac{1}{2}(L-R-180°)$

竖盘指标差：$X=\frac{1}{2}(\alpha_{左}-\alpha_{右})=\frac{1}{2}(L+R-360°)$

五、实训内容

1. 每实训小组在实训场地选定4个测站点，组成四边形，用测回法一测回观测出4个内角，要求每名学生最少测量一个角度；

2. 任意选定某一高处目标，每名学生采用测回法观测此点的竖直角，并进行相互比较与核对。

六、技术要求

1. 水平角观测应满足：2C互差应小于18″，各测回互差应小于12″；

2. 四边形角度允许闭合差应小于$10\sqrt{n}$，由于$n=4$，故$10\sqrt{n}=20″$；

3. 竖直角观测应满足：竖盘指标差互差应小于10″，各测回互差应小于10″。

七、注意事项

1. 每一测回的观测中，即使发现水准管气泡偏离，也不能重新整平。本测回观测完毕，下一测回开始前再重新整平仪器；

2. 在照准目标时，要用十字丝竖丝照准目标的明显地方，尽量照准目标下部，上半测回照准哪个部位，下半测回仍照准这个部位；

3. 直接读取的竖盘读数并非竖直角，竖直角通过计算才能获得；

4. 竖盘因其刻划注记和始读数的不同，计算竖直角的方法也就不同，要通过检测来确定正确的竖直角和指标差计算公式；

5. 盘左盘右照准目标时，要用十字丝横丝照准目标的同一位置；

6. 在竖盘读数前，务必要使竖盘指标水准管气泡居中。

八、上交资料

1. 每人一份实训报告：
（1）实训项目名称、目的、时间及地点；
（2）所用经纬仪的名称与编号；
（3）测回法观测水平角和竖直角的方法；
（4）水平角和竖直角的计算方法；
（5）配置度盘读数的方法；
（6）视准轴误差和竖盘指标差的计算方法。

2. 每组一份水平角和竖直角观测记录。

实训项目三 方向观测法观测水平角

一、实训目的

1. 掌握用方向观测法进行四等水平方向观测与记录的方法和操作步骤；
2. 掌握测站各项限差要求及重测的有关规定；
3. 掌握方向观测法中各方向值的计算方法。

二、实训仪器与工具

每实训小组的仪器：J_2经纬仪1台（含脚架）、测伞1把、记录板1块，自备铅笔、小刀、直尺等；

记录表格见本实训教程的附表。

三、实训内容与步骤

1. 先选择好远距离边长均匀的4个以上方向的目标；
2. 安置仪器后，将仪器照准零方向，按度盘位置表配置度盘，见表2-1；

表2-1　水平方向观测（四等和一级）度盘和测微器初始位置表

测回数（等级） 测回序号	6（四等）	2（一级）
1	00° 00′ 50″	00° 02′ 30″
2	30° 12′ 30″	90° 07′ 30″
3	60° 24′ 10″	—
4	90° 35′ 50″	—
5	120° 47′ 30″	—
6	150° 59′ 10″	—

3．顺转照准部1～2周后精确照准零方向，进行水平度盘和测微器读数（重合对径分划两次）；

4．顺转照准部，精确照准两方向，仍按上述方法读数；顺转照准部依次进行3、4、…、n方向的观测，最后闭合至零方向（当观测方向数≤3时，可不必闭合至零方向），以上构成上半测回；

5．纵转望远镜，逆转照准部1～2周后，精确照准零方向，按上法读数；

6．逆转照准部，按上半测回的相反次序依次观测n、n–1、…、3、2直至零方向。构成下半测回。

四、技术要求

1．观测与记录要严格遵守相应的操作规程和记录规定，对不合格的成果应返工重测；

2．记录员向观测员回报后再做记录，方向观测法测量的相关要求见表2-2。

表2-2　水平角方向观测法的技术要求

等级	仪器型号	光学测微器两次重合读数之差（″）	半测回归零差（″）	一测回内2C互差（″）	同一方向值各测回较差（″）
四等及以上	1″级仪器	1	6	9	6
	2″级仪器	3	8	13	9
一级及以下	2″级仪器	—	12	18	12
	6″级仪器	—	18	—	24

五、重测、补测的有关规定

1．凡因对错度盘、测错方向、上半测回归零差超限、读记错误和中途发现观测条件不佳等原因放弃的非完整测回，再进行的观测通称为补测。补测可随时进行。

因超出限差规定而重新观测的完整测回，称为重测。重测应在基本测回全部完成之后进行，以便对成果综合分析、比较，正确地判定原因之后再进行重测。

2．采用方向观测法时，在一份成果中，基本测回重测的"方向测回数"超过"方向测回总数"的三分之一时，应重测整份成果。

重测数的计算：在基本测回观测结果中，重测1个方向算作1个"方向测回"；一测回中有2个方向重测，算作2个"方向测回"。一份成果的"方向测回总数"（按基本测回计算）等于方向数减1乘以测回数，即（$n-1$）m。

3. 一测回中，若重测的方向数超过本测回全部方向数的三分之一，该测回全部重测。观测3个方向时，即使有1个方向超限，也应将该测回重测。计算重测数时，仍按超限方向数计算。

4. 当某一方向的观测结果因测回互差超限，经重测仍不合限时，要在分析原因后重测，以避免不合理的多余重测。

六、注意事项

1. 观测程序和记录要严格遵守操作规程；
2. 观测中要严格消除视差；
3. 记录者向观测者回报后再记，记录中的计算部分应训练用"心算"完成；
4. 测微器读数的尾数不许更改；
5. 组长应如实填写组员的观测情况统计表。

七、上交资料

1. 每组上交观测成果记录表；
2. 每组上交方向观测法计算表。

实训项目四 经纬仪视准轴误差和垂轴误差的测定方法

一、实训目的

1. 理解经纬仪视准轴误差产生的原因和消除方法；
2. 掌握高低点法测定经纬仪水平轴不垂直于垂直轴之差的操作程序与成果整理方法；
3. 对检验结果进行整理计算。

二、实训仪器及工具

每实训小组的仪器：J_2型经纬仪1台（含脚架）、测伞1把、记录板1块，自备铅笔、小刀、直尺、少许胶水（或两面胶）。

三、实训内容

1. 设置目标：在距仪器5m以外的地方设置两个目标，一为高点，一为低点。两点应大致在同一铅垂线上，用仪器观测两点的竖角的绝对值应不小于3°，其绝对值应大致相等，其差值不得超过30"；

2. 测定方法：观测高低两点的水平角6个测回，每测回间应变换度盘和测微器位置，其值见表2-3（J_2仪器）；

表2-3　度盘和测微器初始位置表

测回序号　＼　测回数（等级）	6（四等）
1	00° 00′ 50″
2	30° 12′ 30″
3	60° 24′ 10″
4	90° 35′ 50″
5	120° 47′ 30″
6	150° 59′ 10″

3. 观测高、低点的垂直角$\alpha_{高}$和$\alpha_{低}$，用中丝法测3个测回。垂直角和指标差互差均不超过10″；

4. 计算水平轴倾斜误差：令C为视准轴误差，i为横轴误差，依据视准轴误差和横轴误差对水平角观测的影响规律，高、低点观测m个测回时，有如下公式：

$$\begin{cases} c = \dfrac{1}{4m}\left[\displaystyle\sum_1^m (L-R)_{高} + \sum_1^m (L-R)_{低}\right]\cos\alpha \\ i = \dfrac{1}{4m}\left[\displaystyle\sum_1^m (L-R)_{高} - \sum_1^m (L-R)_{低}\right]\cot\alpha \end{cases}$$

四、注意事项

1. 实习前准备好几个检验用的标志，即在一张小白纸上画一个"十"字交叉线为一个目标；

2. 在检验前应弄清原理、操作次序和方法，各项限差的意义和标准；

3. 每项观测每人均应至少操作一次，合格的水平角观测两测回，垂直角观测一个测回，每人计算一份成果。

五、上交资料

1. 每组上交外业观测记录。

2. 每名学生上交实训报告：

（1）实训项目名称、目的、时间及地点；

（2）所用经纬仪的名称与编号；

（3）高、低点法测定视准轴误差，观测目标设置的方法；

（4）高、低点法测定视准轴误差，水平角和竖直角的观测方法；

（5）视准轴误差和横轴误差的计算方法。

实训项目五　全站仪角度和距离测量的方法

一、实训目的

1. 了解全站仪的基本操作步骤、基本符号的含义；
2. 掌握全站仪的距离测量测距模式、参数设置；
3. 掌握距离测量方法、记录计算；
4. 熟练进行斜距、平距、高差、水平角和竖直角测量。

二、实训仪器与工具

每实训小组的仪器：全站仪1台、架腿1个、单棱镜1个、对中杆1个，自备记录纸及签字笔等。

三、实训内容

1. 全站仪的认识

全站仪是具有电子测角、电子测距、电子记录和数据存储功能的仪器。它本身就是一个带有各种特殊功能的进行测量数据采集和处理的电子化、一体化仪器，各种型号的全站仪的外形、体积、重量、性能有较大差异，但主要由电子测角系统、电子测距系统、数据存储系统、数据处理系统等部分组成。

全站仪的基本测量功能主要有3种模式：角度测量模式（经纬仪模式）、距离测量模式（测距模式）、坐标测量模式（放样模式），另外，有些全站仪还有一些特殊的测量模式，能进行各种专业测量工作。各种测量模式下均具有一定的测量功能，且各种模式之间可相互转换。

2. 全站仪的使用

全站仪有很多种型号，本实训应在指导教师演示介绍后进行操作。在实训场地上选择3点，一点作为测站，安置全站仪；另两点作为镜站，安置反光棱镜。

（1）在测站安置全站仪，经对中、整平后，接通电源，仪器进行自检；

（2）角度测量：瞄准左目标，在角度测量模式下，按相应键，使水平角显示为零，同时读取左目标竖盘读数；瞄准右目标，读取水平角及竖直角显示读数；

（3）距离及高差测量：在距离测量模式下，输入气象数据（温度和气压）、棱镜常数，照准目标后，按相应测距键，即可显示斜距、平距、高差；

（4）坐标测量：量取仪器高、目标高，输入仪器中，并输入测站点的坐标、高程，照准另一已知点并输入其坐标（实训时可假定其坐标），在坐标测量模式下，照准目标点，则可显示目标点的坐标和高程。

四、技术要求

1. 仪器的对中偏差不大于2mm；
2. 仪器高和棱镜高分别量取两次，其较差不大于2mm；

3. 角度测量中，水平角半测回互差不大于18″，测回间互差不大于12″；

4. 测回法观测竖直角，其指标差不大于10″；

5. 距离测量中，测回内距离互差不大于10mm，测回间距离互差不大于15mm。

五、注意事项

1. 在指导教师演示后进行操作；

2. 切不可将照准头对准太阳，以免损坏光电元件；

3. 同一视场内应避免镜站后方有其他光源及反射物体，否则将产生测距粗差；

4. 测量工作完成后应注意关机；

5. 在距离测量模式下，显示的高差（VD）仅指目标棱镜与望远镜之间的高差，而不是测点与测站之间的真正高差。

六、上交资料

1. 每小组上交一份全站仪角度、距离、高差观测的记录表。

2. 每名学生上交一份实习报告：

（1）实训项目名称、目的、时间及地点；

（2）所用全站仪的名称与编号；

（3）全站仪距离和角度的观测方法；

（4）气象参数对距离影响的规律；

（5）棱镜常数对距离影响的规律。

实训项目六　一级导线测量的外业数据采集

一、实训目的

1. 掌握全站仪测回法测距和测角的观测方法；

2. 掌握导线测量数据的记录、计算与限差检核。

二、实训仪器与工具

每实训小组的仪器：2″级全站仪1台（含脚架和电池）、带觇板的反光棱镜（含脚架）2套、记录板1块，自备2H铅笔、小刀、卷尺。

三、观测的有关要求

1. 熟悉所用仪器的特性和操作方法，明确水平角观测和距离观测的要点与技术要求，掌握观测方法和记录计算方法；

2. 结合实训场地状况，每小组合作完成一条至少有3个未知点的附合导线的观测与记录计算工作，观测导线角度和边长；

3. 技术要求：一级导线测量的技术要求见表2-4、表2-5；

表2-4 导线水平角方向观测法的技术要求

等级	光学测微器两次重合读数之差（″）	半测回归零差（″）	一测回2C较差（″）	同一方向值各测回较差（″）
一级及以下	—	12	18	12

表2-5 导线测距的主要技术要求

平面控制网等级	仪器精度等级	每边测回数		一测回读数较差（mm）	单程各测回较差（mm）	往返测距较差（mm）
		往	返			
一级	10mm级	2	—	≤10	≤15	

注："测距一测回"的含义是照准觇板1次，读数2～4次。

4．对不合格的成果需返工重测，直至合格；

5．记录员应向观测员回报后再做记录，并严格遵守记录规则；

6．各小组要充分发扬团结协作精神，在组长的带领下，既要完成实训任务，又要让所有组员得到观测及记录的训练。

四、实训内容与步骤

1．踏勘选点

在选点前，应先收集测区已有地形图和已有高级控制点的成果资料，将控制点展绘在原有地形图上，然后在地形图上拟定导线布设方案，最后到野外踏勘，核对、修改、落实导线点的位置，并建立标志。

选点时应注意下列事项：

（1）相邻点间应相互通视良好，地势平坦，便于测角和量距；

（2）点位应选在土质坚实，便于安置仪器和保存标志的地方；

（3）导线点应选在视野开阔的地方，便于碎部测量；

（4）导线边长应大致相等；

（5）导线点应有足够的密度，分布均匀，便于控制整个测区。

2．建立临时性标志

导线点位置选定后，要在每一点位上打一个木桩，在桩顶钉一小钉，作为点的标志。也可在水泥地面上用红漆划一圆，圆内点一小点，作为临时标志，并与导线点统一编号。

3．外业观测

（1）导线边长测量：在每个导线点上用全站仪分别进行方向观测2测回，单方向距离观测2测回；

（2）转折角测量：导线转折角的测量一般采用测回法观测。在附合导线中一般测左角，在每个导线点上用全站仪分别进行方向观测2测回；

（3）每测站限差检核合格后方可迁站，直至把所有测站测完，得到合格的观测数据。

4．编制已知数据表、观测数据表及导线略图，为导线的平差计算做准备

（1）角度平差，进行角度闭合差计算与调整；

（2）推算导线各边坐标方位角；

（3）坐标增量计算及坐标闭合差调整；

（4）调整后坐标计算。

五、注意事项

1. 对不合格的成果需返工重测，直至合格；

2. 记录员应向观测员回报后再做记录，并严格遵守记录规则；

3. 测定距离时，如果棱镜后方有反射物，则可以用黑布遮挡在棱镜的后面；

4. 安置仪器要稳定，脚架应踏牢，对中整平应仔细，短边时应特别注意对中，在地形起伏较大的地区观测时，应严格整平；

5. 目标处的标杆应竖直，并根据目标的远近选择不同粗细的标杆；

6. 观测时应严格遵守各项操作规定。例如，照准时应消除视差；水平角观测时，切勿误动度盘；竖直角观测时，应在读取竖盘读数前，显示指标水准管气泡居中等；

7. 水平角观测时，应以十字丝交点附近的竖丝照准目标根部。竖直角观测时，应以十字丝交点附近的横丝照准目标顶部；

8. 读数应准确，观测时应及时记录和计算；

9. 各项误差应在规定的限差以内，超限必须重测。

六、上交资料

1. 每组上交合格的外业测量手簿。

2. 每组上交导线计算略图、已知数据表和观测数据表。

3. 每名学生上交一份实习报告：

（1）实训项目名称、目的、时间及地点；

（2）所用全站仪的名称与编号；

（3）一级导线测量的观测方法；

（4）一级导线测量中包括哪些限差的要求；

（5）导线测量简易平差的计算流程。

实训项目七　导线测量外业观测数据的化算

一、实训目的

1. 掌握将地面的倾斜距离化算成水平距离的方法；

2. 掌握将地面的水平距离值归算至高斯平面的计算方法；

3. 掌握三高高程的计算方法。

二、理论知识基础

1. 斜距归算至平距：导线测量中，观测斜距S通常不超过10km，可按下列公式计算出测线投影到平均高程面的水平距离：

$$D_p = \sqrt{S^2 - h^2}$$

$$h = \frac{(S\cos\alpha)^2}{2R}(1-k) + i - v$$

式中：D_p——测线投影到平均高程面的水平距（m）；

S ——经气象及加、乘常数等改正后的斜距（m）；

i ——仪器高（m）；

v ——棱镜高（m）；

h ——仪器与反光镜之间的高差（m）。

2. 平距归算至参考椭球面长度，应按下式计算：

$$D_0 = D_P\left(1 + \frac{h_m}{R_A}\right)$$

式中：h_m——参考椭球面超出测线平均高程面的距离（m）；

D_0——测线归算到参考椭球面上的测距边长度（m）。

3. 将椭球面上的距离归算至高斯平面，将地面上的水平距离投影至高斯平面上，距离将变长，计算公式如下：

$$D_g = D_0\left(1 + \frac{y_m^2}{2R_m^2} + \frac{\Delta y^2}{24R_m^2}\right)$$

式中：D_g——测距边在高斯投影面上的长度（m）；

y_m——测距边两端点横坐标的平均值（m），不含500km；

R_m——测距边中点的平均曲率半径（m），可取值6371km；

Δy——测距边两端点横坐标的增量（m）。

三、实训内容一

对表2-6中斜距按下列要求进行化算：

1. 依据三角高程计算公式，计算每一站的高差及高程；

2. 依据计算出的高差，将斜距化算到测距边的平均高程面上；

3. 假定大地水准面差距是零，将计算出的距离化算到参考椭球面上。

表2-6　导线观测记录

测站点	距离（m）	垂直角（°′″）	仪器高（m）	觇标高（m）	高程（m）
A	1474.4440	1.0440	1.30	—	96.062
2	1424.7170	3.2521	1.30	1.34	—
3	1749.3220	−0.3808	1.35	1.35	—
4	1950.4120	−2.4537	1.45	1.50	—
B	—	—	—	1.52	—

四、实训内容二

根据表2-7中的坐标数据（高斯平面坐标），计算出D_{12}、D_{23}和D_{34}投影到椭球面上的距离

表2-7　导线已知数据表

点名	X（m）	Y（m）
1	4535182.262	565338.645
2	4534744.120	567107.220
3	4539748.280	564831.160
4	4541826.491	563487.763

五、注意事项

1. 三角高程的计算，大气折光差，可取0.14；

2. 高斯投影变形的规律要掌握，投影后的距离应增加；

3. 投影高程面的距离计算，如果采用的是1954年坐标系，应考虑大地水准面差距的影响。

六、上交资料

1. 每名学生上交计算成果。

2. 每名学生上交实训报告。

3. 每名学生上交一份实习报告：

（1）实训项目名称、目的、时间及地点；

（2）三角高程的计算中，两差改正的计算公式；

（3）倾斜距离化算到参考椭球面距离的步骤与计算公式；

（4）高斯投影变形的规律和计算公式。

实训项目八　附合导线简易平差的计算方法

一、实训目的

1. 掌握坐标正、反算方法；

2. 掌握导线计算的步骤和各项限差要求；

3. 理解附合导线和闭合导线计算方法的区别和联系。

二、附合导线计算步骤

1. 反算出起始边的坐标方位角，然后根据测定的角度推算出终止边的坐标方位角，最后再计算出角度闭合差；

2. 对角度闭合差平均分配，对每个测定的角度进行改正（注意角度改正的原则是：左

角反号分配，右角同号分配）；

3．根据已知点计算出起始方向的坐标方位角，然后依据测定的夹角推算出每条边的坐标方位角；

4．计算出每条边的坐标增量，进而计算出坐标增量闭合差；

5．依据坐标增量闭合差的调整，计算出待测点的坐标。

三、实训内容

计算出下列附合导线中（图2-3），2、3、4点的坐标。

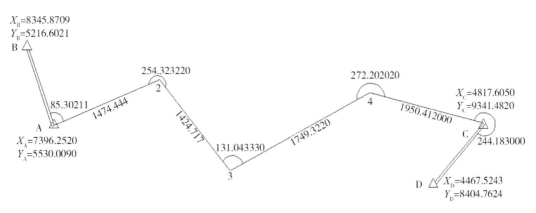

图2-3　导线图

四、注意事项

1．注意坐标反算时，正确判断待求方位角的象限；

2．附合导线为计算方便，可以在右角前加上负号变成左角；

3．计算出角度闭合差后，注意进行角度改正时，左角反号分配，右角同号分配；

4．方位角允许闭合差 $f_\beta \leqslant 10''\sqrt{n}$，$n$ 为测站数，导线相对闭合差 $\leqslant 1/15000$；

5．外业成果合格后，内业计算各导线点坐标。

五、上交资料

1．每名学生上交导线内业计算的成果。

2．每名学生上交实训报告：

（1）实训项目名称、目的、时间及地点；

（2）三角高程的计算中，两差改正的计算公式；

（3）倾斜距离化算到参考椭球面距离的步骤与计算公式；

（4）高斯投影变形的规律和计算公式。

实训项目九　平差易软件计算附合导线

一、实训目的

通过导线严密平差项目的训练，使学生学会平差易软件（PA2005）的功能及应用，其界面如图2-4所示，主要包括：软件功能、平差计算步骤、平差结果分析等，并对前一个实训项目的概算结果进行验证。通过实例，计算出概算项目对导线平差结果的影响程度。

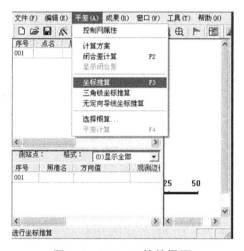

图2-4　PA2005软件界面

二、平差易做控制网平差的过程

1. 控制网数据录入；
2. 坐标推算；
3. 坐标概算；
4. 选择计算方案；
5. 闭合差计算与检核；
6. 平差计算；
7. 平差报告的生成和输出。

三、实训内容

用PA2005对下列导线进行平差计算。附合导线测量数据和简图见表2-8和图2-5，A、B、C和D是已知坐标点，2、3和4是待测的控制点。

表2-8　导线原始测量数据

测站点	角度（°′″）	距离（m）	X（m）	Y（m）
B	—	—	8345.8709	5216.6021
A	85.30211	1474.4440	7396.2520	5530.0090

续表

测站点	角度（° ′ ″）	距离（m）	X（m）	Y（m）
2	254.32322	1424.7170	—	—
3	131.04333	1749.3220	—	—
4	272.20202	1950.4120	—	—
C	244.18300	—	4817.6050	9341.4820
D	—	—	4467.5243	8404.7624

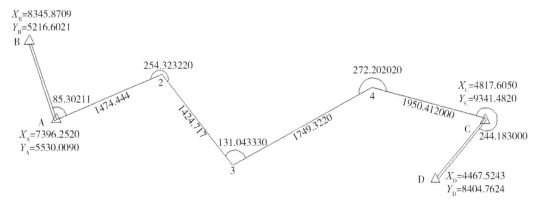

图2-5　附合导线图

四、数据录入的方法

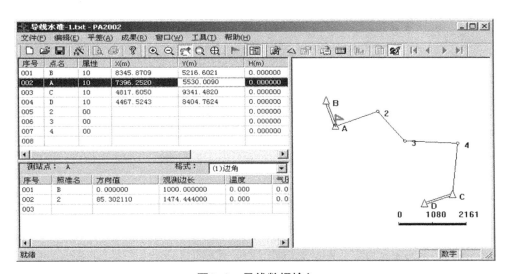

图2-6　导线数据输入

在测站信息区中输入A、B、C、D、2、3和4号测站点，其中A、B、C、D为已知坐标点，其属性为10，其坐标见表2-8；2、3、4点为待测点，其属性为00，其他信息为空。选定相应的测站后，输入每一测站的观测信息、方向值和距离，如图2-6所示。

五、注意事项

1. 注意正确输入每个点的属性；

2. 边长一般选取后视或前视输入都可以，如果都输入则必须输成一样的；

3. 注意角度的输入方法：沿起始方向顺时针旋转到目标方向所形成的角度；

4. 注意所有测站点的观测数据必须输入完整；

5. 输入的观测边长要求是水平距离，如果测定的是斜距，则需要将其化算成水平距离后再输入；

6. 如果是无定向导线平差计算，如图2-6所示，则在执行"坐标推算"之后，执行"无定向导线坐标推算"。

六、上交资料

1. 未做概算的导线平差坐标、点位中误差；

2. 只做水平方向概算的导线平差坐标、点位中误差；

3. 只做边长概算的导线平差坐标、点位中误差；

4. 做边长和观测方向概算的导线平差坐标、点位中误差；

5. 平差计算情况总结。

实训项目十　三等水准测量观测实习

一、实训目的与要求

1. 掌握三等水准测量的观测、记录、计算方法；

2. 掌握三等水准测量的主要技术指标，掌握测站及水准路线的检核方法；

3. 掌握三等水准测量同四等水准测量的相同点和不同点。

二、实训计划

1. 实训时数为2学时；

2. 每实训小组由4～6人组成；

3. 每组在实训场地完成一闭合水准路线三等水准测量的观测、记录、测站计算、高差闭合差调整及高程计算工作。

三、实训仪器与工具

每实训小组的仪器：DSZ$_3$水准仪1台、黑红面水准尺2把、尺垫2个、记录板1块，自备铅笔1根。

四、实训内容

1. 选定一条闭合水准路线，路线长度500m左右。

2．一个测站的观测按如下顺序进行：

（1）后视黑面尺，读取上、下丝读数，读取中丝读数；

（2）前视黑面尺，读取上、下丝读数，读取中丝读数；

（3）前视红面尺，读取中丝读数；

（4）后视红面尺，读取中丝读数。

3．依次设站按上述步骤进行观测。

4．往测完毕后，进行返测。

5．进行平差计算。

五、技术要求（表2-9）

表2-9　三等水准测量技术规定

等级	视线长度		前后视距差（m）	前后视距累积差（m）	视线离地面最低高度（m）	基辅分划读数差（m）	基辅分划所得高差之差（mm）	水准路线测段往返测高差不符值（mm）
	仪器类型	视距（m）						
三	S_3	≤75	≤3	≤6	≥0.3	2	3	$\leq \pm 12\sqrt{L}$

六、注意事项

1．每测站所有计算数据计算完成并合格后，再进行下一站观测；

2．每一测段的测站数要求为偶数；

3．当第一测站前尺位置确定以后，两根尺要交替前进；

4．在记录表中的方向及尺号栏内要写明尺号，在备注栏内写明相应尺号的K值。

七、上交资料

1．三等水准测量实训报告：

（1）实训项目名称、目的、时间及地点；

（2）水准仪的型号和编号；

（3）三等水准测量每一测站观测步骤和内容；

（4）三等水准测量每一测站计算数据；

（5）三等水准测量每一测站限差。

2．三等水准测量记录表。

3．水准测量成果表。

实训项目十一　精密水准仪i角的检验方法

一、实训目的

1．了解精密水准仪各轴线间应满足的条件；

2．练习精密水准仪的读数方法；

3．掌握精密水准仪水准管轴平行于视准轴的检验方法。

二、使用仪器

每实训小组的仪器：S_1级水准仪1台（含脚架）、尺垫2只、铟瓦标尺1对、扶尺竹竿4支、皮尺（或测绳）1只、记录板1块，自备文具。

三、实训内容与步骤

1．在平坦地面的一条直线上选定J_1、A、B、J_2四点，点间距均为20.6m。J_1、J_2点架设仪器，A，B点立水准尺。

2．J_1和J_2点用小木桩或测钎标志，A和B点安置尺垫。水准仪先安置于J_1点，精平仪器后分别读取A、B点上水准尺的读数a_1、b_1。如果$i=0$，视线水平，在A、B点上水准尺的读数应为a_1'，b_1'，由i角引起的读数误差分别为Δ和2Δ。然后把仪器搬至J_2点，精平仪器，分别读取A、B点上水准尺的读数a_2、b_2。视线水平时的正确读数应为a_2'，b_2'，读数误差分别为2Δ和Δ。如图2-7所示。

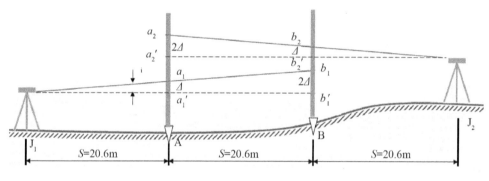

图2-7 i角检验示意

3．计算i角。

由于Δ由i角引起：$\Delta = \dfrac{S}{\rho''}i''$

最后得到：$i'' = \dfrac{\rho''}{S}\Delta = \dfrac{\rho''}{2S}(h_2 - h_1)$

四、技术要求

水准仪视准轴与水准管轴的夹角i，S_1型不应超过15″，S_3型不应超过20″。

五、注意事项

1．水准仪安放到三脚架架头上，必须旋紧连接螺旋，使连接牢固；

2．测微器同水准仪连接牢固；

3．瞄准目标时，必须消除视差；

4．立水准尺时，水准尺气泡必须居中；

5．正确使用测微器及楔形丝进行读数。

六、上交资料

1. 每名学生上交一份合格的i角检验表。

2. 每名学生上交一份实训报告：

（1）实训项目名称、目的、时间及地点；

（2）水准仪的型号和编号；

（3）精密水准仪i角的检验方法；

（4）精密水准仪i角的检验原理。

实训项目十二　二等水准测量

一、实训目的

1. 通过一条水准环线的施测，掌握二等精密水准测量的观测和记录，使所学知识得到实际的应用；

2. 熟悉精密水准测量的作业组织和一般作业规程；

3. 学会进行"测段小结"计算；

4. 掌握二等与三等水准测量观测顺序的不同之处。

二、实训仪器与工具

每实训小组的仪器：S_1水准仪1台（含脚架）、标尺1对、尺垫1对、竹竿4支、皮尺（或测绳）1只、记录板1块，自备文具。

三、实训内容

1. 从实验场地的某一水准点出发，选定一条闭合水准路线；或从一个水准点出发至另一水准点，选定一条长度为400～500m的附合水准路线。

2. 安置水准仪的测站至前、后视立尺点的距离应该量距使其相等，其观测次序如下：

1）往测奇数站的观测程序：后前前后；

2）往测偶数站的观测程序：前后后前；

3）返测奇数站的观测程序：前后后前；

4）返测偶数站的观测程序：后前前后。

3. 手簿记录和计算见表2-10中按表头的次序（1）～（8）、（9）～（10）为计算结果：

后视距离（9）＝100×（（1）－（20））

前视距离（10）＝100×（（4）－（5））

视距之差（6）＝（9）－（10）

视距累计差（12）＝上站（12）＋本站（11）

基辅分划差（13）＝（4）＋K－（7），（$K=30155$）

（14）＝（3）＋K－（8）

基本分划高差（15）＝（3）－（4）

辅助分划高差（16）＝（8）－（7）

高差之差（17）＝（14）－（13）＝（15）－（16）

平均高差（18）＝［（15）＋（16）］/2

每站读数结束记录（1）～（8），随即进行各项计算（9）～（10），并按表2-10进行各项检查后，满足如下限差后，才能搬站。

表2-10　二等水准记录表格

测站编号	后视 上丝 下丝		前视 上丝 下丝		方向及尺号	标尺读数		基＋K减辅（一减二）	备注
	后距		前距			基本分划（一次）	辅助分划（一次）		
	视距差d		Σd						
	（1）		（5）		后	（3）	（8）	（14）	
	（2）		（6）		前	（4）	（7）	（13）	
	（9）		（10）		后－前	（15）	（16）	（17）	
	（11）		（12）		h		（18）		

4．内业计算。

水准路线闭合差计算与闭合差分配，计算各水准点的高程。

四、技术要求

1．观测程序：往测奇数站与返测偶数站为后—前—前—后；往测偶数站与返测奇数站为前—后—后—前。后—前—前—后的读书顺序为：后视基本分划上丝、下丝、中丝，前视基本分划中丝、上丝、下丝，前视辅助分划中丝，后视辅助分划中丝。

2．测站检核执行《工程测量规范》规定，见表2-11。

表2-11　二等水准测量技术规定

等级	视线长度		前后视距差（m）	前后视距累积差（m）	视线离地面最低高度（m）	基辅分划所得高差之差（mm）	水准路线测段往返测高差不符值（mm）
	仪器类型	视距（m）					
二	S_1	≤50	≤1.0	≤3.0	≥0.5	≤0.7	$\leqslant \pm 4\sqrt{K}$

注：

（1）二等水准视线长度小于20m时，其视线高度不应低于0.3m；

（2）数字水准仪观测，不受基、辅分划或黑、红面读数较差指标的限制，但测站两次观测的高差较差，应满足表中相应等级基辅分划或黑、红面所测高差较差的限值；

（3）记录规则参见本实训教程第一部分；

（4）测段小结参见《控制测量》教材，测段小结计算结果应与测站结果进行比对检核。

五、注意事项

1．组长负责组织实训小组完成本实训项目，并对组员进行合理分工，要求每一位组员都能进行观测训练、记录训练和计算训练；

2．观测前30分钟，应将仪器置于露天阴影处，使仪器与外界气温趋于一致；观测时应用测伞遮蔽阳光；迁站时应罩以仪器罩；

3．在连续各测站上安置水准仪时，应使其中两脚螺旋与水准路线方向平行，而第三脚螺旋轮换置于路线方向的左侧与右侧；

4．正确使用精密水准仪进行读数。上下丝读数时要用上下丝平分某一刻划，读取中丝读数时要用楔形丝卡准标尺某一整数刻划，这要通过旋转测微螺旋来实现；

5．注意保护水准标尺的尺面和底面。如标尺需要短时放置休息时，斜放要使两标尺应尺尺面相对；侧放要保证标尺不能滑倒；平放要收回扶尺环，侧面着地，标尺底面不可直接落在地上。标尺需要较长时间放置时，一定要将其放置到尺箱之内；

6．各项记录正确整齐、清晰，严禁涂改。原始读数的米、分米值有错时，可以整齐地划去，现场更正，但厘米及其以下读数一律不得更改，如有读错记错，必须重测，严禁涂改；

7．每一站上的记录、计算待检查全部合格后才可迁站；

8．量距要保持通视，前后视距要尽量相等并且要保证一定的视线高度，尽可能使仪器和前后标尺在一条直线上；

9．如水准仪与测微器为分体结构，则在使用时，应对测微器采取加固措施；

10．扶尺应使用竹竿，绝不可脱手，以防摔坏标尺；

11．观测与记录要严格遵守《工程测量规范》或其他技术规定。

六、上交资料

每名学生上交一份合格的观测成果和一份合格的记录成果。

1．每组上交一份合格的二等水准测量观测记录表。

2．每名学生上交一份实训报告：

（1）实训项目名称、目的、时间及地点；

（2）水准仪的型号和编号；

（3）二等水准测量的观测程序；

（4）二等水准测量每一测站的计算内容与检核项目；

（5）二等水准测量与三等水准测量的不同点。

实训项目十三　平差易软件进行水准测量平差

一、实训目的

1. 进一步掌握平差易软件使用方法；
2. 掌握水准平差操作流程；
3. 掌握水准平差观测数据的输入方法。

二、水准平差步骤

1. 控制网数据录入；
2. 坐标推算；
3. 坐标概算；
4. 选择计算方案；
5. 闭合差计算与检核；
6. 平差计算；
7. 平差报告的生成和输出。

三、实训内容

1. 附合水准的测量数据和简图见表2-12和图2-8，A和B是已知高程点，2、3和4是待测的高程点。

表2-12　水准原始数据表

测站点	高差（m）	距离（m）	高程（m）
A	−50.440	1474.4440	96.0620
2	3.252	1424.7170	—
3	−0.908	1749.3220	—
4	40.218	1950.4120	—
B	—	—	88.1830

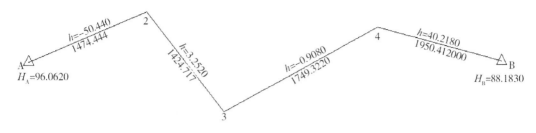

图2-8 水准路线图（模拟）

2．在平差易中输入以上数据，输入方式如图2-9所示。

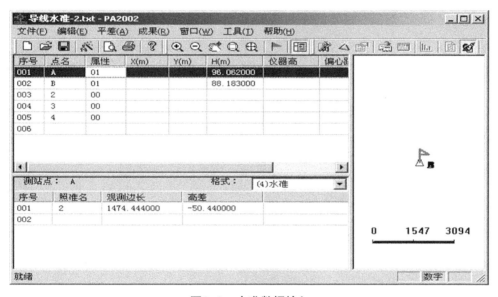

图2-9 水准数据输入

（1）在测站信息区中输入A、B、2、3和4号测站点，其中A、B为已知高程点，其属性为01；2、3、4为待测高程点，其属性为00，其他信息为空；

（2）根据控制网的类型选择数据输入格式，此控制网为水准网，选择水准格式；

（3）选定测站后，需要输入测站的观测信息，包括观测的距离和测站的高差。

四、注意事项

1．水准测量最少应有一个点的高程已知；

2．正确选定每一测站点的属性，01代表高程已知，00代表是未知点；

3．数据输入正确，注意高差的正负号；

4．正确选定高程平差的类型，是水准平差，而不是三角高程，"水准平差"所需要输入的观测数据为观测边长和高差，"三角高程"所需要输入的观测数据为观测边长、垂直角、站标高、仪器高；

5. 在一般水准的观测数据中输入了测段高差，就必须要输入相对应的观测边长，否则平差计算时该测段的权为零，会导致计算结果错误；

6. 判断平差结果是否正确、精度是否符合要求。

五、上交资料

1. 每名学生上交"实训内容"中得到的高程控制点高程及精度指标。

2. 每名学生上交对高程控制测量平差计算过程的总结：

（1）实训项目名称、目的；

（2）水准平差的步骤；

（3）水准平差观测数据的输入方法；

（4）水准平差包含的各项精度指标。

实训项目十四　　五等三角高程测量

一、实训目的

1. 掌握三角高程测量的原理和计算方法；

2. 掌握三角高程测量两差改正的计算公式；

3. 掌握三角高程的外业观测方法；

4. 掌握五等三角高程测量的相关技术要求。

二、实训计划

1. 实训时数为2学时；

2. 每实训小组由4～6人组成；

3. 每组选定4～6个点，布设三角高程导线。

三、实训仪器与工具

每实训小组的仪器：全站仪1台、三脚架1个、棱镜2个、钢卷尺1把。

四、方法步骤

1. 观测方法

（1）斜距观测两个测回，一测回的含义是观测一次读数2～4次的过程；

（2）竖直角观测两个测回，同一方向观测完毕，再观测另一方向；

（3）仪器高、棱镜高观测前后各量一次，精确到mm；

（4）竖直角和斜距都进行对向观测。

2. 电磁波测距三角高程测量的高差计算公式

$$h = D\sin\alpha + (1-K)\frac{D^2}{2R}\cos^2\alpha + i - v$$

式中：h ——测站与镜站之间的高差；

　　　α ——垂直角；

　　　D ——经气象改正后的斜距；

　　　K ——大气折光系，取值0.14；

　　　i ——全站仪仪器高；

　　　v ——反光镜的高度。

五、技术要求

表2-13　电磁波测距三角高程测量的主要技术要求

等级	每千米高差全中误差（mm）	边长（km）	测回数	指标差较差（″）	测回较差（″）	观测次数	对向观测高差较差（mm）	附合或环形闭合差（mm）
五等	15	≤1	2	≤10	≤10	对向观测	$60\sqrt{D}$	$30\sqrt{\sum D}$

电磁波测距三角高程观测的技术要求，应符合下列规定：

1. 电磁波测距三角高程观测的主要技术要求，应符合表2-13的规定；

2. 垂直角的对向观测，当直觇完成后应即刻进行返觇测量；

3. 仪器、反光镜或觇牌的高度，应在观测前后各量测一次并精确至1mm，取其平均值作为最终高度；

4. 直返觇的高差，应进行地球曲率和折光差的改正。

六、注意事项

1. 竖直角观测时应以中丝横切于目标顶部；

2. 安置好仪器后应及时量取仪高，以免在测好后忘记量取仪高而移动了仪器；

3. 当D<400m时，可不进行两差改正；

4. 起讫点的精度等级，五等应起讫于不低于四等的高程点上；

5. 线路长度不应超过相应等级水准路线的总长度。

七、上交资料

1. 每组上交外业观测记录和内业计算表。

2. 每名学生上交实习报告：

（1）实训项目名称、目的、时间和地点；

（2）全站仪的型号和编号；

（3）五等三角高程测量的外业观测方法；

（4）五等三角高程测量的内业计算方法。

实训项目十五　平差易软件进行三角高程测量平差计算

一、实训目的

1. 进一步掌握平差易软件的使用方法；
2. 掌握三角高程平差的操作流程；
3. 掌握三角高程平差的数据输入方法；
4. 理解三角高程平差和水准测量平差的区别和相同之处。

二、实训内容

表2-14　三角高程原始数据表（往测）

测站点	距离（m）	垂直角 （°′″）	仪器高 （m）	觇标高 （m）	高程 （m）
A	1474.4440	1.0440	1.30	—	96.062
2	1424.7170	3.2521	1.30	1.34	—
3	1749.3220	-0.3808	1.35	1.35	—
4	1950.4120	-2.4537	1.45	1.50	—
B	—	—	—	1.52	96.305

表2-15　三角高程原始数据表（返测）

测站点	距离（m）	垂直角 （°′″）	仪器高 （m）	觇标高 （m）	高程 （m）
B	1950.4110	2.4445	1.32	—	96.305
4	1749.3240	0.3721	1.31	1.33	—
3	1424.7180	-3.2601	1.35	1.37	—
2	1474.4430	-1.0522	1.43	1.52	—
A	—	—	—	1.54	96.062

三、三角高程平差步骤

1. 控制网数据录入；
2. 坐标推算；
3. 坐标概算；
4. 选择计算方案；
5. 闭合差计算与检核；
6. 平差计算；
7. 平差报告的生成和输出。

四、注意事项

1. 每一测站点的属性输入同水准测量平差完全一样；

2. 注意高程平差模式的选项，要选择"三角高程"；

3. 每一测站的观测数据输入包括距离、竖直角和棱镜高；

4. 每站的观测数据要输入完整，注意往反测，测站点仪器高不同的解决方法；

5. 注意三角高程平差时，对向观测数据的输入方法；

6. 注意输入的距离必须是平距，如果是斜距，需要化算成水平距离；

7. 注意竖直角输入的正负号。

五、上交资料

1. 每人上交三角高程平差计算报表。

2. 每人上交实训报告：

（1）实训项目名称、目的；

（2）三角高程测量平差的步骤；

（3）三角高程测量平差观测数据的输入方法；

（4）三角高程测量平差包含的各项精度指标。

实训项目十六　测量坐标系的转换

一、实训目的

1. 明确测量常用坐标系统的定义、建立方法、基本概念、采用椭球及参数等；

2. 明确各坐标系统间的内在转换关系；

3. 掌握相同基准下的坐标系转换方法及应用公式；

4. 掌握不同基准下的坐标系转换方法、应用公式及转换参数的意义和求解；

5. 掌握国家平面坐标系与工程坐标系的转换方法。

二、上机软件

Coord MG（或Coord 4.0），该软件为互联网免费软件。

三、实训内容

1. 3° 分带内某点P的北京54坐标为（4° 333′ 744.555″，41° 412′ 333.500″）。① 计算P点大地坐标；② 将P点转换为6° 分带第22带；③ 将P点转换为3° 分带第40带；④ 将P点转换至某工程坐标系，该工程坐标系采用克拉索夫椭球，坐标系中央子午线经度为 122° 10′ 40″。

2. 某点大地经度为$L=128° 30′ 10″$，该点分别位于6° 分带和3° 分带的多少带内？

3. 某GPS点在WGS-84坐标系内坐标为P（122° 45′ 50″，42° 35′ 18″），将该点转换至西安80大地坐标系。（已知平移参数：$d_x=131.22$m，$d_y=-205.33$m，$d_z=126.63$m；旋转参数 $x=0° 02′ 05″$，旋转参数$y=0° 03′ 55″$，旋转参数$z=0° 01′ 11″$，尺度参数为1.0013）

4. 某两个GPS点在WGS-84坐标系内坐标为P（122° 40′ 42″，41° 35′ 18″，0），M（122° 44′ 23″，41° 38′ 42″，0）。① 将此两点转换成空间直角坐标系，坐标分别是多少？并计算空间直角坐标系下两点的直线距离；② 坐标系中央子午线经度为123° 30′，计算此两点的高斯平面坐标。

5. 见表2-16：已知WGS-84大地坐标，需要将其转换成北京54高斯平面直角坐标，转换参数见表2-17（已知WGS-84空间直角坐标转换成北京54空间直角坐标的7个参数，以及北京54大地坐标转换成高斯平面直角坐标的投影参数）。

表2-16　已知WGS-84大地坐标

点号	B（纬度）	L（经度）	H（大地高 m）
a	40° 17′ 42.120″	124° 6′ 5.137″	116.126
b	40° 21′ 36.811″	124° 0′ 38.662″	133.989
c	40° 20′ 13.965″	124° 2′ 38.912″	167.092
d	40° 24′ 13.211″	123° 58′ 43.056″	129.502

表2-17　7参转换参数和高斯投影参数

平移	x 92.253m　　y 225.700m　　z 85.978m
旋转	x -1.2203″　　y 2.3571″　　z -3.3165″
比例	—10.875 ppm
投影基准	北京54椭球
投影参数	中央央子午线123°，原点纬度0°， 原点假东500 000m，原点假北0m 尺度1

四、注意事项

1. 通过此训练，明确测量常用坐标系统的定义及相关概念，会用相关软件解决坐标转换问题；

2. 明确坐标系统的类型及其表达形式；

3. 特别注意：参考椭球、中央子午线、带号、加常数、7参数（3参数）、4参数等概念；

4. 高斯投影的边长变形规律。

五、上交资料

1. 每人上交坐标转换的成果。

2. 每人上交实训报告：

（1）实训项目名称、目的；

（2）不同基准坐标转换的方法；

（3）同样基准下坐标转换的方法；

（4）坐标转换中各参数的含义。

实训项目十七 控制测量技术总结

测绘技术总结是在测绘任务完成后，对技术设计书和技术标准执行情况，技术方案、作业方法、新技术的应用，成果质量和主要问题的处理等进行分析研究、认真总结，并做出客观的评价与说明，以便于用户（或下工序）的合理使用，有利于生产技术和理论水平的提高，为制订、修订技术标准和有关规定积累资料。测绘技术总结是与侧绘成果有直接关系的技术性文件，是永久保存的重要技术档案。

技术总结分项目技术总结与专业技术总结。项目技术总结指一个测绘项目在其成果验收合格后，对整个项目所做的技术总结，由承担任务的生产管理部门负责编写。专业技术总结是指项目中各主要测绘专业所完成的测绘成果，在最终检查合格后，分别撰写的技术总结，由生产单位负责编写。工作量小的项目可将项目技术总结和专业技术总结合并，由承担任务的生产管理部门负责编写。

技术总结经单位主要技术负责人审核签字后，随测绘成果、技术设计书和验收（检查）报告一并上缴和归档。

一、实训目的

1. 明确编写技术总结的意义和重要性；
2. 区分"技术设计"与"技术总结"的编写要领，掌握编写技术总结的方法。

二、项目技术总结的主要内容

1. 概述部分

（1）任务的名称、来源、目的，作业区概况，任务内容和工作量；

（2）生产单位名称、生产起止时间、任务安排、组织概况和完成情况；

（3）采用的基准、系统、投影方法和起算数据的来源与质量情况；

（4）利用已有资料的情况。

2. 技术部分

（1）作业技术依据:包括使用标准、法规和有关技术文件等（下同）；

（2）仪器、主要设备与工具的使用及其检验情况；

（3）作业方法，执行技术设计书和技术标准的情况，特殊问题的处理，推广应用新技术、新方法、新材料的经验教训；

（4）对新产品项目要按工序总结生产中执行技术设计书和技术标准的情况，特别对发生的主要技术问题，采取的措施及其效果等，要详细地总结，并对今后生产提出改进意见；

（5）保证和提高质量的主要措施，成果质量和精度的统计、分析和评价，存在重大问题及处理意见；

（6）对设计方案、作业方法和技术指标等的改进意见和建议；

（7）作业定额、实际作业工天和作业率的统计。

3. 附图、附表

（1）作业区任务概况图；

（2）利用已有资料清单；

（3）成果质量统计表；

（4）上交测绘成果清单；

（5）其他。

三、专业技术总结的主要内容

1. 水平控制测量

（1）概述

1）任务来源、目的，生产单位，生产起止时间，生产安排概况；

2）测区名称、范围、行政隶属，自然地理特征，交通情况和困难类别；

3）锁、网、导线段（节）、基线（网）或起始边和天文点的名称与等级，分布密度，通视情况，边长（最大、最小、平均）和角度（最大、最小）等；

4）作业技术依据；

5）计划与实际完成工作量的比较，作业率的统计。

（2）利用已有资料情况

1）采用的基准和系统；

2）起算数据及其等级；

3）已知点的利用和联测；

4）资料中存在的主要问题和处理方法。

（3）作业方法、质全和有关技术数据

1）使用的仪器、仪表、设备和工具的名称、型号、检校情况及其主要技术数据，天文人仪差测定情况；

2）觇标与标石的情况，施测方法，照准目标类型，观测权数与测回数，光段数，日夜比，重测数与重测率，记录方法，记录程序来源和审查意见，归心元素的测定方法，次数和质量，概算情况与结果等；

3）新技术、新方法的采用及其效果；

4）执行技术标准的情况，出现的主要问题和处理方法。保证和提高质量的主要措施，各项限差与实际测量结果的比较，外业检测情况及精度分析等；

5）重合点及联测情况，新、旧成果的分析比较；

6）为测定国家级水平控制点高程而进行的水准联测与三角高程的施测情况，概算方法和结果。

（4）技术结论

1）对本测区成果质量、设计方案和作业方法等的评价；

2）重大遗留问题的处理意见。

（5）经验、教训和建议

（6）附图、附表

1）利用已有资料清单；

2）测区点、线、锁、网的分布图；

3）精度统计表；

4）仪器、基线尺检验结果汇总表；

5）上交测绘成果清单等。

2. 高程控制测量

（1）概述

1）任务来源、目的，生产单位，生产起止时间，生产安排概况；

2）测区名称、范围、行政隶属，自然地理特征，沿线路面和土质植被情况，路坡度（最大、最小、平均），交通情况和困难类别；

3）路线和网的名称、等级、长度，点位分布密度，标石类型等；

4）作业技术依据；

5）计划与实际完成工作量的比较，作业率的统计。

（2）利用已有资料情况

1）采用基准和系统；

2）起算数据及其等级；

3）已知点的利用和联测；

4）资料中存在的主要问题和处理方法。

（3）作业方法、质盆和有关技术数据

1）使用的仪器、标尺、记录计算工具和尺承等的型号、规格、数盘、检校情况及主要技术数据；

2）埋石情况，施测方法，视线长度（最大、最小和平均），及其距地面和障碍物的距离，各分段中上、下午测站不对称数与总站数的比，重测测段和数量，记录和计算法，程序来源、审查或验算结果；

3）新技术、新方法的采用及其效果；

4）跨河水准测量的位置，施测方案，施测结果与精度等；

5）联测和支线的施测情况；

6）执行技术标准的情况，保证和提高质量的主要措施，各项限差与实际测量结果的比较，外业检测情况及精度分析等。

（4）技术结论

1）对本测区成果质量、设计方案和作业方法等的评价；

2）重大遗留问题的处理意见。

（5）经验、教训和建议

（6）附图、附表

1）利用已有资料清单；

2）测区点、线、网的水准路线图；

3）仪器、标尺检验结果汇总表；

4）精度统计表；

5）上交测绘成果清单等。

四、注意事项

1. 内容要真实、完整、齐全。对技术方案、作业方法和成果质量应做出客观的分析和评价。对应用的新技术、新方法、新材料和生产的新品种要认真细致地加以总结；

2. 文字要简明扼要，公式、数据和图表应准确，名词、术语、符号、代号和计量单位等均应与有关法规和标准一致；

3. 项目名称应与相应的技术设计书及验收（检查）报告一致。幅面大小和封面格式参照附录执行。

五、编写测绘技术总结的主要依据

1. 上级下达任务的文件或合同书；

2. 技术设计书、有关法规和技术标准；

3. 有关专业的技术总结；

4. 测绘产品的检查、验收报告；

5. 其他有关文件和材料。

六、上交资料

控制测量技术总结报告，每人撰写一份。

第三部分　控制测量综合实训

控制测量综合实习任务书

根据教学计划安排，工程测量技术专业学生在完成《控制测量》课程的课堂教学和课间实习任务后，进行为期4周的控制测量综合教学实习。这次实习将最大限度地模拟生产实际，完全执行现行的国家测量规范。通过此次实习能加深对书本知识的进一步理解、掌握及综合应用，这是培养学生理论联系实际，独立工作，综合分析问题、解决问题和组织管理等能力的重要教学环节，也是一次具体、生动、全面的技术实践活动。

通过本次控制测量综合实习，能使学生熟悉控制测量的技术设计、外业计算、内业计算、技术总结的全过程，学会使用测量规范，利用各种手段和技术进行等级控制网的布设、数据采集和处理的基本方法与技能。控制测量综合实习安排在本校沈阳市沈北新区洋什水库控制测量综合实习基地进行。

一、实习目的

1. 巩固课堂所学知识，加深对控制测量学基本理论的理解，能够用有关理论指导作业实践，做到理论与实践相统一，提高学生分析问题、解决问题的能力，对控制测量学的基本内容进行一次实际的应用，使所学知识进一步巩固、深化；

2. 对学生进行控制测量野外作业的基本技能训练。通过实习，熟悉并掌握布设等级控制网的全过程，包括编写技术设计（课程设计）、选点埋石、外业观测、数据检核与平差计算、编写技术总结（实习报告）等部分；

3. 通过完成控制测量实际任务的训练，提高学生独立从事测绘工作的计划、组织与管理能力，培养学生良好的专业品质和职业道德，达到培养和提高综合素质的目的；

4. 通过实习学会解读与使用测量规范。

二、实习组织

参加实习的两个班组成实习队，指导教师全部由具有丰富教学经验的专业教师担任。每个班为一个实习大组，每个大组分10个小组，共计20个小组。为合理利用时间，将采用平行作业的实习方式。大组长职责：担当指导教师与学生沟通的桥梁，协助指导教师对实习过程进行有效的管理，使之顺利完成实习任务；组长职责：组织本小组成员认真学习领会实习指导书，贯彻执行指导教师各项要求，带领并组织全组成员顺利完成各项实习、仪器的借用与保管、数据的采集与整理等具体工作，并保持与指导教师的顺利沟通。

实习由指导教师统一指挥，各大组长、小组长及班干部应积极配合指导教师做好本大组、小组的各项工作。

充分考虑到生产实际的要求，并结合教学实习的特点，本次实习的主要项目分别为：精密水准测量、全站仪导线测量、经纬仪测角。精密水准测量模拟建立洋什水库地区首级高程控制网，此次实习仅在固定路线上做二等水准观测练习，进而在首级高程控制网基础上做三等、四等水准观测练习；全站仪导线测量模拟在测区内进行一级导线加密，此次实习也仅在固定路线上做练习；经纬仪测角进行四等三角网的测角练习。

为保证学生能得到所有项目的训练，各小组将定期轮换实习内容。

三、实习任务

1. 建立洋什水库地区首级高程控制网（二等、三等、四等）；
2. 采用全站仪对整个测区进行加密控制（平面一级，三角高程）；
3. 在部分首级控制点之间布设三角网，做经纬仪测角练习（四等三角网）；
4. 对所有实习采集的数据做必要的检核及相关的计算；
5. 提交成果；
6. 编写实习报告（技术总结）。

为保证学生得到均衡的实践锻炼，规定学生按要求必须完成如下任务。

（一）踏勘、选点、造标、埋石

1. 利用洋什水库地区已有的3个GPS控制点，由指导教师带领踏勘测区，了解测区情况及任务情况，领会建网的目的和意义，对控制点进行图上设计与实地选点，并构网；
2. 每人至少做一个GPS点的点之记；
3. 分组进行造标、埋石，视具体情况进行观摩或实际动手操作。

（二）精密水准测量

1. 在进行正式水准测量之前，一定要在校内先行进行精密水准测量的读数练习和立尺练习；
2. 各小组作业前对水准仪进行一次合格的i角误差检验（选做）；
3. 每人至少完成1.0km以上（一个完整测段）单程二等和三等水准测量的观测练习和记录练习，并取得合格的观测成果及记录成果。施测的水准路线由指导教师确定；
4. 在实习报告中要写明进行精密水准测量的原则和应注意事项。

（三）全站仪导线加密测量

1. 通过实习全面掌握所使用全站仪的性能和具体操作方法；
2. 各组在指导教师带领下选定一条附合（闭合）导线，每人至少完成5站（一条完整路线）合格的导线测量，等级为一级（边长可适当缩短），内容含水平角、边长和直反觇垂直角的测量；
3. 每人至少完成5站（一条完整路线）合格的导线测量观测的记录与计算。记录要求：字迹清晰、正确，手簿记录项目齐全。计算内容：方向观测值及测距平均值的计算、竖直角的计算、导线的计算（手算）与检核（利用南方平差易软件）、三角高程的计算与限差检核，提交一份正规的计算成果；

4. 每人至少完成一条导线边的概算，即将观测方向和斜距归算至高斯平面，看一看方向和边长的数值到底有多大改变，并对结果进行分析；

5. 三角高程的观测与计算按国家四等标准；

6. 实习报告中应附有导线的计算和三角高程的计算，并对结果做出说明。

（四）经纬仪测角练习

1. 由指导教师带领各组进行四等三角网的选点；

2. 每人至少完成两测回经纬仪三角网的角度观测，等级为国家四等，采用方向观测法；

3. 每人至少完成两测回的记录与手簿计算，要求内容完整正确；

4. 在实习报告上对计算结果及检核结果做出说明。

四、仪器设备与工具

1. 经纬仪测角

四等三角测量：每小组借用苏光 J_2 型光学经纬仪（附脚架）1台、测钎（或长花杆）4个、记录板1块、三四等水平方向观测手簿，自备铅笔、小刀、三角板等文具用品。

2. 精密水准测量

二等水准测量：每小组借用 S_1 型精密光学水准仪（带脚架）1台、铟钢合金精密水准尺2只、尺垫2只、扶杆4根、50～100m测绳（或皮尺）1只、测伞1把、记录板1块、一二等精密水准测量观测记录手簿若干。

三等水准测量：每小组借用日本索佳SDL30M型精密电子水准仪（带脚架）1台、条码水准尺2只、尺垫2只、三四等精密水准测量观测记录手簿若干，自备铅笔、小刀等文具用品。

四等水准测量：每小组借用 S_3 型光学水准仪（带脚架）1台、木质普通水准尺2只、尺垫2只、三四等精密水准测量观测记录手簿若干。

3. 全站仪导线测量

一级导线测量：每小组借用全站仪（包括脚架）1台、反射器（包括脚架和基座）2个、2m钢卷尺1只、测伞1把、测距仪导线观测记录手簿若干，自备铅笔、小刀等文具用品。

注：请同学们爱惜、保护仪器，电子水准仪、全站仪及时充电。

五、上交资料

1. 每个测量小组应上交的资料

（1）水准测量观测手簿、经纬仪测角记录手簿、全站仪导线观测手簿；

（2）由组长撰写的资料说明。

2．每人应提交的资料

（1）控制网布设略图、自己绘制的点之记；

（2）精密水准测量计算表；

（3）全站仪导线的坐标计算表；

（4）全站仪导线的三角高程计算表；

（5）经纬仪导线测角练习的最终角度计算及检核表；

（6）技术总结（实习报告），报告内应含上述（1）～（5）项内容。

控制测量综合实习指导书

一、技术要求

本次综合实习所有项目均参照《城市测量规范》CJJ　8—99的技术要求进行。平面坐标系统采用1980西安坐标系，高程系统采用1985国家高程基准。

1．精密水准测量

本次水准仪水准测量实习要求：分别利用苏光S_1（DSZ2+FS1）光学水准仪、日本索佳SDL30M电子水准仪、苏光DSZ3型光学水准仪进行二、三、四等水准测量。

（1）精密水准测量注意事项

1）用光学测微法读厘米以下的小数以代替直接估读，以提高读数精度，直读到0.1mm位，估读至0.01mm位；

2）选择在标尺分划成像清晰、稳定和气温变化小的时间观测，即在最佳观测时段内观测；

3）晴天观测要打伞，迁站时要保证使仪器竖直，对于外挂式测微器，必须注意其安全；

4）视线长度、视线高不能超限，每站的前、后视距基本相等，同一测站的观测中，不得两次调焦；

5）一测段水准路线上（两个水准点之间）的测站数必须是偶数。往、返测的前、后标尺必须交换；

6）观测工作间歇时，最好能结束在固定的水准点上，否则，应选择两个坚固可靠的固定点作为间歇点；

7）当采用单面标尺时，应变动仪器高度，并观测两次；

8）铟钢（瓦）尺常数K=3.0155m。

（2）测量操作步骤

1）对二等水准测量采用光学测微法，进行往、返观测，其观测顺序如下：

往测：奇数站为"后—前—前—后"；偶数站为"前—后—后—前"。

返测：奇数站为"前—后—后—前"；偶数站为"后—前—前—后"。

读数顺序为"基—基—辅—辅"，对于往测奇数站，后视基本分划上下中丝，前视基本分划中上下丝，前视辅助分划中丝，后视辅助分划中丝。

2）对三等水准测量采用中丝读数法，进行往返观测。每站的观测顺序为："后—前—前—后"。当照准条码水准尺时，应变动仪器高度，并观测两次。

日本索佳SDL30M电子水准仪仪器参数设置：在菜单模式下选取"Config."选项。"Meas."测量模式设置，"Display"显示小数位设置，"Adjust"十字丝检校。

测量模式选择"single"（单次），小数位数选择"0.001m"，Rh读至"0.001m"，Hd读至"0.01m"。

3）对四等水准测量采用中丝读数法，进行往、返观测。每站的观测顺序为："后—后—前—前"。

（3）作业限差与技术要求（表3-1和表3-2）

表3-1　二、三、四等水准测量观测限差

等级	最大视线长度（m）	前后视距差（m）	任一测站前后视距累积差（m）	上下丝读数平均值与中丝读数之差（mm）	基辅分划读数差（mm）	一测站观测两次高差之差（mm）	检测间歇点高差之差（mm）
二	50	1.0	3.0	3.0	0.4	0.6	1
三	75	2.0	5.0	—	2	3	3
四	100	3.0	10.0	—	3	5	5

表3-2　二、三、四等水准路线主要技术指标

单位：mm

等级	每千米高差中数中误差		路线往、返测高差不符值	附合路线或环线闭合差	检测已测测段高差之差	每千米高差中数中误差
	偶然中误差	全中误差				
二	±1	±2	$\pm 4\sqrt{L_S}$	$\pm 4\sqrt{L}$	$\pm 6\sqrt{L_i}$	±2
三	±3	±6	$\pm 12\sqrt{L_S}$	$\pm 12\sqrt{L_S}$	$\pm 20\sqrt{L_i}$	—
四	±5	±10	$\pm 12\sqrt{L_S}$	$\pm 20\sqrt{L_i}$	$\pm 30\sqrt{L_i}$	—

2. 全站仪导线测量

本次全站仪导线测量实习要求，分别对水平角（HR）、平距（HR）、高差（VD）进行测量，完成城市一级导线测量及电磁波测距三角高程测量工作。

（1）全站仪控制测量注意事项

1）用于控制测量的全站仪的精度要达到相应等级控制测量的要求；

2）测量前要对仪器按要求进行检定、校准，出发前要检查仪器电池的电量；

3）必须使用与仪器配套的反射棱镜测距，不要设置为免棱镜模式；

4）手工记录以便检核各项限差，内存记录用作对照检查；

5）测量前要检查仪器参数和状态设置，如角度、距离、气压、温度的单位，最小显示、测距模式、棱镜常数、水平角和垂直角形式、双轴改正等。可提前设置好仪器，在测量过程中不再改动。

本次实习仪器状态统一设置为：温度15℃，气压1013.25hPa，测距选择精测模式，根据不同棱镜情况设置相应棱镜常数。

（2）测量操作步骤

1）在测站上安置全站仪，对中、整平（激光对中、电子整平时要先启动仪器），量记仪器高；

2）在各镜站上安置棱镜，对中、整平，量记棱镜高，镜面对向测站；

3）打开全站仪电源，盘左望远镜十字丝照准后视方向的反射棱镜觇牌纵横标志线，配置水平度盘，并读记水平角（HR）读数，然后照准前视，读记水平角读数；

4）倒镜盘右观测水平角的下半测回；

5）按与观测水平角相似的方法依次观测高差（VD）和平距（HD）；

6）完成全部规定测回的观测；

7）量测仪器高、棱镜高作为检核；

8）检查记录正确无误后关闭仪器，本站结束，仪器装箱，迁至下站。

注意：观测次数，水平角（HR）两测回、平距（HR）、高差（VD）每段往返各测一测回（此处一测回指盘左盘右各观测一次）。

（3）作业限差与技术要求（表3-3至表3-5）

表3-3　导线测量主要技术要求

等级	附合导线长度（km）	平均边长（m）	每边测距中误差（mm）	测角中误差（″）	导线全长相对闭合差	测回数	测回间较差（mm）
四等	10	1600	±18	±2.5	1/40000	4	5
一级	3.6	300	±15	±5	1/14000	2	7

表3-4　导线测量水平角观测各项限差

等级	测角中误差（″）	测回数	［左角］$_{中}$ + ［右角］$_{中}$ −360° = Δ（″）	测回间角度差（″）	方位角闭合差（″）
四等	±2.5	6	±5.0	—	$±5\sqrt{n}$
一级	±5	2	—	25	$±10\sqrt{n}$

注：n 为转折角个数。

表3-5 垂直角观测与三角高程测量的主要技术指标（J₂）

等级	两次重合读数差	测回数	测回互差	指标差较差	对向观测所求得高差较差	由对向观测所求得的高差中数，计算闭合环或附合路线的高程闭合差	两次量取仪器高、觇标高较差
四等	3″	2	15″		0.1S（m）或 $\pm 40\sqrt{D}$（mm）	$\pm 0.05\sqrt{[S^2]}$（m）	5mm
一级	3″	1	15″				5mm

表3-6 电磁波测距三角高程测量的主要技术要求

等级	每千米高差中误差（mm）	边长（mm）	观测次数	对向观测高差较差（mm）	附合或环形闭合差（mm）
四等	10	≤1	对向观测	$40\sqrt{D}$	$20\sqrt{\sum D}$

3. 经纬仪测角练习

（1）观测注意事项

1）角度观测应遵守下列规定：观测应在成像清晰、稳定的条件下进行；

2）观测前应凉置仪器30分钟，仪器温度与外界温度基本一致后才能开始观测。观测过程中仪器不得受日光直接照射；

3）仪器照准部旋转时，应平稳匀速；制动螺旋不宜拧得过紧；微动螺旋应尽量使用中间部位。精确照目标时，微动螺旋最后应为旋进方向；

4）观测过程中，仪器气泡中心偏离值不得超过一格。当偏移值接近限值时，应在测回之间重新整置仪器；

5）观测必须按规范要求进行，观测成果应做到记录真实、字迹工整、注记明确，观测要求及各项限差均应符合规范规定；

6）观测结束后，应立即检查记录，计算各项观测误差是否在限差范围内，确认全部符合规定限差方可迁站，以免造成不必要的返工与重测。

（2）一个测站上观测工作顺序

角度观测一般采用方向观测法进行，方向观测法一测回的操作步骤如下：

1）将仪器照准零方向（第一方向），按观测度盘表（表3-7）配置好度盘和测微器位置；

表3-7 J₂型经纬仪方向观测法观测度盘表（四等）

测回数	I	II	III	IV	V	VI	VII	VIII	IX
配盘角度（° ′ ″）	0 00 33	20 11 40	40 22 47	60 33 53	80 45 00	100 56 07	120 07 13	140 18 20	160 29 27

2）顺时针方向旋转照准部1~2周后精确照准零方向，读定度、分和光学测微器读数两

次（重合两次、读两次数）；

3）顺时针方向旋转照准部，精确照准1方向，读定度、分和光学测微器读数两次。继续顺时针方向旋转照准部依次观测2、3、4、…、N方向，最后闭合至零方向。以上观测为上半测回；

4）纵转望远镜，逆时针方向旋转照准部1～2周后，精确照准零方向，读数（重合两次、读数两次）；

5）逆时针方向旋转照准部，按上半测回观测的相反次序N、…、3、2、1观测至零方向。

以上操作为一测回，当方向数小于4个时，可不闭合至零方向。

（3）技术要求与作业限差

本次实习经纬仪观测水平角参用方向观测法，技术要求与作业限差见表3-8。

表3-8　水平角方向观测法的技术要求

单位：″

等级	仪器型号	光学测微器两次重合读数之差	半测回归零差	一测回内2C互差	同一方向值各测回较差
四等及以上	1″级仪器	1	6	9	6
	2″级仪器	3	8	13	9
一级及以下	2″级仪器	—	12	18	12
	6″级仪器	—	18	—	24

二、实习报告的编写

实习结束后，每人编写一份实习报告，要求内容全面、概念正确、语句通顺、文字简练、书写工整、插图和数表清晰美观，并按统一格式以A4纸书写。个人的计算资料应以插图、插表或附页的形式与实习报告装订在一起。小组实习的最终成果、平差报告等，小组组长打印一份即可。实习报告由封面、目录、正文及附录等组成。

实习报告正文编写提纲如下：

1. 前言：实习任务名称、地点、目的、时间、作业区范围、实习任务及组织等。

2. 测区概况：测区地理位置、交通、居民、气候、地形地貌、经济等概况，测区内已有测绘成果及资料等情况。

3. 作业依据（规范、规程、平面及高程基准）。

4. 首级控制网的布设与施测。

（1）GPS网的布设方案和略图；

（2）选点埋石情况，点之记；

（3）已知GPS控制点坐标。

5. 首级高程控制网的布设与施测。

（1）水准网的布设方案和略图；

（2）选线、埋石方法及情况；

（3）施测技术依据和方法；

（4）观测成果计算及质量分析。

6．加密控制网的布设与施测。

（1）导线的布设方案和略图；

（2）点位情况说明；

（3）施测技术依据和方法；

（4）观测成果计算和质量分析。

7．实习的最终成果。

（1）首级控制点坐标成果表；

（2）首级控制点高程成果表；

（3）测区加密点坐标及高程表。

8．实习中发生的问题和处理方法。

9．实习收获、体会和建议。

附录（点之记、平差报告等）。

实习报告目录及正文编写格式如下：

<目录>

目　录

一、前言 1

二、测区概况 .... Y

三、作业依据 .... Y

....（略）

九、实习收获、体会和建议 .... Y

附录 .... Y

注：本注释不是目录的部分，只是本式样的说明解释。

1．目录中的内容一般列出第一级标题即可；

2．目录标题"目　录"两个字为小三号黑体居中，两个字之间空2个汉字的空格，缩放、间距、位置标准，无首行缩进，无左右缩进，段前、段后各0.5行间距，行间距为1.25倍多倍行距；

3．目录正文在标题下空一行，为小四号，中文用宋体，英文用Times New Roman体，缩放、间距、位置标准，无左右缩进，无首行缩进，无悬挂式缩进，段前、段后间距无，行间距为1.25倍多倍行距；

4．实习报告中如有较多表格，可在目录后附表清单；

5．页末请用插入分节符分节，以便于设置不同的页眉、页脚。

<正文>

一、前言

×××××××××××××正文××××××××××××××××××××××××……

1．××××××（二级标题）

××××××××××××××正文××××××××××××××××××××……

（1）××××（三级标题）

×××××××××××××正文×××××××××××××××××××××……

2．×××××

×××××××××××××××正文××××××××××××××××××××××××××……

注：本注释不是正文的部分，只是本式样的说明解释。

1．标题编号应采用分级编号方法，标题应顶格；

第一级："一、""二、""三、"……

第二级："1.""2.""3."……

第三级："（1）""（2）""（3）"……

第四级："①""②""③"……

第五级："a.""b.""c."……

2．一级标题为小三号黑体；二级标题为四号黑体；三级以下标题为小四号黑体，缩放、间距、位置标准，无首行缩进，无左右缩进，行间距1.25倍多倍行距，段前、段后无间距；

3．正文在标题下另起段不空行，为小四号，中文用宋体，英文用Times New Roman体，缩放、间距、位置标准，无左右缩进，首行缩进二字符（两个汉字），无悬挂式缩进，段前、段后间距无，行间距为1.25倍多倍行距；

4．正文中表格与插图的字体一律用5号楷体；

5．页眉用五号，中文用楷体，英文用Times New Roman体，内容为"控制测量实习报告"；

6．插入页码，居中显示。

控制测量综合实习考核标准

一、控制测量综合实习考核标准

1. 布设控制网成绩（10分），根据对学生踏勘、选点、造标、埋石情况的考核，由指导教师给出；

2. 精密水准测量实习成绩（10分），根据对学生平时水准测量实习情况的考核，由指导教师给出；

3. J_2型经纬仪测角平时成绩（10分），根据对学生平时J_2型经纬仪测角实习情况的考核，由指导教师给出；

4. 全站仪导线平时成绩（10分），根据对学生平时全站仪实习情况的考核，由指导教师给出；

5. 实习报告的编写（20分），根据学生编写实习报告的内容、认真程度、水平等，由指导教师给出；

6. J_2经纬仪实际操作考核（20分）；

7. 全站仪实际操作考核（10分）；

8. S_1型水准仪实际操作考核（10分）。

以上考核内容共8项，满分100分，作为控制测量综合实习最终成绩。如不编写实习报告或不参加6～8项考核，实习成绩视为"不及格"。对于在考核过程中作弊者，将依据学校的有关处置办法进行处理。

二、J_2型经纬仪操作考核办法

考核一测站（方向观测）的全部操作过程，一测回，3个方向，不归零，考核具体内容及标准如下：

（1）观测时间（30分）

6分钟以内	30分
10～12分钟	15分
6～8分钟	25分
12～14分钟	10分
8～10分钟	20分
大于14分钟	0分

（2）配置度盘初始位置的精度（20分）

15秒以内	20分
20～30秒	10分
15～20秒	15分
大于30秒	5分

（3）各方向2C较差（20分）

10秒以内　　　　　　20分

13～20秒　　　　　　10分

10～13秒　　　　　　15分

大于20秒　　　　　　0分

（4）任一方向值与已知值之较差（30分）

7秒以内　　　　　　30分

7～12秒　　　　　　20分

12～20秒　　　　　　10分

20～30秒　　　　　　5分

大于30秒　　　　　　0分

三、全站仪操作考核办法

考核一测站一测回上全站仪导线测量的全部操作过程，两个方向，前视测距，直反觇观测天顶距。考核内容及评分标准如下：

（1）操作时间（40分）

5分钟以内　　　　　　40分

5～7分钟　　　　　　30分

7～9分钟　　　　　　20分

9分钟以上　　　　　　10分

（2）测距（20分）

能正确测出距离　　　　　　　　20分

能测出距离，但方法欠佳　　　　10分

不能测出距离　　　　　　　　　0分

（3）水平角观测（20分）

能正确测出水平角　　　　　　　20分

能测出水平角，但方法欠佳　　　10分

不能测出水平角　　　　　　　　0分

（4）天顶距观测（20分）

能正确测出天顶距并正确计算出竖直角　　　　20分

能正确测出天顶距　　　　　　　　　　　　　10分

不能正确测出天顶距　　　　　　　　　　　　0分

四、精密水准仪操作考核办法

考核学生在控制测量实习中对水准测量仪器操作的熟练程度，测一个由3站构成的闭合环，考核具体内容及标准如下：

（1）操作时间（满分25分）

9分钟以内　　　　　　25分

9～12分钟　　　　　　15分

12～15分钟　　　　　5分

15分钟以上　　　　　0分

（2）闭合差（满分25分）

小于1mm　　　　　25分

1～2mm　　　　　　15分

2～3mm　　　　　　5分

大于3mm　　　　　　0分

（3）限差校核（满分25分）

全部符合限差　　　　25分

1项超限　　　　　　15分

2项超限　　　　　　0分

（4）操作规程（满分25分）

此项由考核教师根据学生在整个考核过程中的规范程度给出分值。

控制测量综合实习一般要求

一、测量仪器的正常使用和维护

（一）领取仪器时，必须检查

1. 仪器箱盖是否关好、锁好；

2. 背带、提手是否牢固；

3. 脚架与仪器是否匹配，脚架各部分是否完好；

4. 仪器是否能正常工作。

（二）仪器的开箱与装箱

1. 仪器箱应平放在地面或其他平台上才能开箱，不要抱在怀里或托在手中开箱；

2. 取出仪器前应先牢固安放好三脚架，仪器自箱中取出后不得用手久抱，应立刻固定在三脚架上；

3. 开箱后，在未取出仪器前，要注意仪器安放的位置和方向，以免用毕装箱时因安放不正确而损伤仪器。

（三）自箱中取出仪器时的注意事项

1. 无论何种仪器，在取出前一定要先放松制动螺旋，以免取出仪器时因强行扭转而损坏微动装置，甚至损坏轴系；

2. 自箱内取出仪器时，应一手托住找准部支架，另一手扶住基座部分，轻拿轻放，不要用一只手抓仪器；

3. 取仪器和使用仪器过程中，要注意避免触摸仪器的目镜、物镜、棱镜，以免沾污，影响成像质量。绝对不允许用手指或手帕等物去擦仪器的光学部分。

（四）架设仪器时的注意事项

1．伸缩式脚架三条腿抽出后要把固定螺旋拧紧，亦不可用力过猛而造成螺旋滑丝，防止因螺旋未拧紧使脚架自行收缩而摔坏仪器；

2．架设仪器时，三条腿分开的跨度要适中，并得太靠拢容易被碰倒，分得太开容易滑开；

3．在脚架安放稳妥并将仪器放到脚架头上后，要立刻旋紧仪器和脚架间的中心连接螺旋，预防因忘记拧上连接螺旋而摔坏仪器；

4．自箱内取出仪器后，要随即将仪器箱关好，以免沙土、杂草进入箱内。还要防止搬动仪器时丢失附件；

5．任何时候不得蹬、坐仪器箱。

（五）仪器在使用中的注意事项

1．有太阳时必须张伞，防止烈日暴晒，注意防止雨淋（包括仪器箱）；

2．在任何时候，仪器旁必须有人守护；

3．制动螺旋不宜拧得太紧，微动螺旋和脚螺旋宜使用中段，松紧要调节适当；

4．操作仪器时，用力要均匀，动作要准确、轻捷，用力过大或动作太猛都会造成对仪器的伤害；

5．仪器用毕，装箱前，应用软毛刷轻拂仪器表面的灰土，将物镜盖盖好；

6．清点箱内附件，如有缺少，立刻寻找，然后将仪器箱关上，扣紧、锁好；

7．工作期间尽量使存放仪器的室温与工作地点的温度接近。当必须把仪器搬到温差较大的环境中去时，应先将仪器关闭在箱中3～4小时，到达测站后，先取出仪器适温半小时以上，才能开始正式观测。

（六）在工作中仪器发生故障时的处理

1．发现仪器出现故障，应立即停止使用，及时进行维修，不可以勉强使用；

2．一旦出现故障，应查明原因，送有关部门进行维修，绝对禁止擅自拆卸，更不能勉强带病使用，以免增加损坏程度。

（七）迁站时的注意事项

1．在长距离迁站或通过行走不便的地区（如较大的沟渠、山林等）时，应将仪器装入箱内，迁站时切勿跑行，防止摔坏仪器；

2．在短距离或且平坦地区迁站时，可先将脚架收拢，然后一手抱脚架，一手扶仪器，保持仪器近直立状态，严禁将仪器横扛在肩上迁移；

3．每次迁站都要清点所有仪器、附件、器材等，防止丢失。

（八）其他仪器、器材的使用与维护

1．全站仪是电子经纬仪、光电测距仪和微处理器相结合的电子仪器，在运输过程中必须有防震措施。棱镜、透镜等不得用手接触或用毛巾等擦拭，必要时要使用擦镜纸。不允许将仪器安装在三角架上搬动。电池、电缆插头要对准插进，不能用力过猛，以免折断。决不可把物镜对向太阳，以免烧毁元器件；

2. 扶尺员立尺时要用双手扶好，严禁脱开双手。要注意保护好标尺的分划面和底面。观测间歇，不得将标尺随便靠在树上或墙上。

二、测量资料的记录要求

测量资料的记录是测量成果的原始数据，十分重要。为保证测量原始数据的绝对可靠，实习时应养成良好的职业习惯。记录的要求如下：

1. 实习记录和正式作业一样，必须直接填写在规定的表格上，不得用零散纸张记录，不得转抄；

2. 所有记录与计算均应使用绘图铅笔（2H或3H），应端正清晰，字号稍大于格子的一半，以便留出空隙做错误的更正；

3. 禁止擦拭、涂改和挖补，发现错误应在错误处用横线划去。作废某整个部分时可用斜线划去，不得使原字模糊不清。修改局部错误时，应将局部数字划去，将正确数字写在原数上方；

4. 凡记录表格上规定应填写的项目不得空白；

5. 所有记录修改及观测成果作废，必须在备注栏注明原因；

6. 禁止连环更改，即已修改了平均数，不准再改计算得此平均数的任何一项原始读数，改正任一项原始读数，则不准再改其平均数。假如两个读数均错误，则应重测重记；

7. 原始观测尾数不准更改，如角度读数度、分、秒中秒读数不得更改，应将该测回成果废去重测。

三、测量成果的整理、计算及要求

1. 测量成果的整理与计算应用规定的印制表格或事先画好的计算表格；

2. 内业计算用钢笔书写，如计算数字有错误，可用刀片刮去重写，或将数字划去另写；

3. 上交计算成果应是原始计算表格，所有计算不得另行转抄；

4. 成果的记录、计算的小数取位要按规定执行。各等级的三角测量、精密导线测量和水准测量记录和计算的小数位取位分别见表3-9至表3-11。

表3-9 三角测量

单位：″

项目	等级	读数	一测回中数	记簿计算
水平角	一、二等	0.1	0.01	0.01
	三、四等	1	0.1	0.1
垂直角	—	1	1	—

表3-10　精密导线测量

等级	观测方向值及各项改正数（″）	边长观测值及各项改正数（m）	边长与坐标（m）	方位角（″）
二等	0.01	0.0001	0.001	0.01
三、四等	0.1	0.001	0.001	0.01

表3-11　水准测量

等级	往（返）测距离总和（km）	往（返）测距离中数（km）	测站高差（mm）	往（返）测高差总和（mm）	往（返）测高差中数（mm）	高程（mm）
二等	0.01	0.1	0.01	0.01	0.1	0.1
三等	0.01	0.1	0.1	1.0	1.0	1.0
四等	0.01	0.1	0.1	1.0	1.0	1.0

第四部分　全站仪简要操作手册

南方全站仪简要说明书

一、操作入门

南方全站仪测量程序主界面、操作键及显示符号含义分别见图4-1、表4-1和表4-2。

图4-1　南方全站仪测量程序主界面

表4-1　操作键的含义

操作键	含义及功能
α	输入字符大小写切换
⌨	打开软键盘
★	打开和关闭快捷功能菜单，气象参数设置，激光对中
⏻	电源开关，短按切换不同标签页，长按开关电源
Tab	使屏幕的焦点在不同的控件之间切换
B.S	退格键
Shift	输入字符和数字切换
S.P	空格键
ESC	退出键
ENT	确认键

操作键	含义及功能
▲▼ ◀▶	在不同的控件之间进行跳转或者移动光标
0 9	0至9输入数字和字母
—	输入负号或者其他字母
.	输入小数点

表4-2　显示符号意义

显示符号	内　容
V	垂直角
V%	垂直角（坡度显示）
HR	水平角（右角）
HL	水平角（左角）
HD	水平距离
VD	高差
SD	斜距
N	北向坐标
E	东向坐标
Z	高程
m	以米为距离单位
ft	以英尺为距离单位
dms	以度分秒为角度单位
gon	以哥恩为角度单位
mil	以密为角度单位
PSM	棱镜常数（以mm为单位）
PPM	大气改正值
PT	点名

二、常规测量

在常规测量程序下可完成一些基础的测量工作，如图4-2所示。

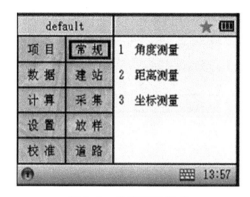

图4-2 常规测量模式

1. 角度测量

（1）V：显示垂直角度；

（2）HR或者HL：显示水平右角或者水平左角；

（3）置零：将当前水平角度设置为零；

（4）保持：保持当前角度不变，直到释放为止。

（置盘）：通过输入设置当前的角度值。

2. 距离测量

（1）SD：显示斜距值；

（2）HD：显示水平距离值；

（3）VD：显示垂直距离；

（4）测量：开始进行距离测量；

（5）模式：进入到测量模式设置。

3. 坐标测量

（1）建站（图4-3），坐标测量前必须建站，即给定全站仪已知数据，然后才能依据测量的角度和距离将坐标计算出来。

1）已知点建站，输入测站点的坐标和后视点的坐标（方位角）；

2）测站高程，通过输入后视点的高程、全站仪高度及棱镜的高度，计算出全站仪的高程；

3）后视检查，检查后视点是否照准，如没有照准需要重新进行设定；

4）后方交会，通过测量两个已知点到全站仪的距离，然后根据输入的已知点坐标，计算出全站仪位置的坐标，并同时进行设置和定向。

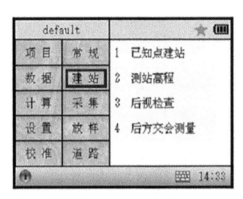

图4-3　建站

（2）测量待定点坐标，执行"点测量"采集，在弹出的对话框中，输入点号，然后进行测量，即完成数据的采集，如图4-4所示。

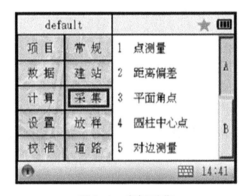

图4-4　坐标采集

拓普康全站仪简要说明书

一、操作入门

拓普康GPT-3002系列全站仪操作界面、按键名称与功能及显示屏显示常用符号表示分别见图4-5、表4-3和表4-4。

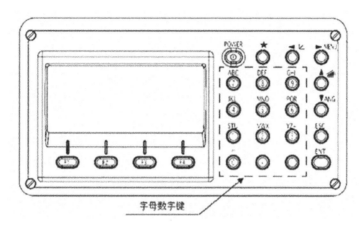

图4-5　拓普康系列全站仪操作界面

表4-3　按键名称与功能表

按键	名称	功能
★	星键	星键模式用于如下项目的设置或显示： （1）显示屏对比度；（2）十字丝照明；（3）背景光；（4）倾斜改正；（5）定线点指示器（仅适用于有定线点指示器类型）；（6）设置音响模式
∠	坐标测量键	坐标测量模式
◢	距离测量键	距离测量模式
ANG	角度测量键	角度测量模式
POWER	电源键	电源开关
MENU	菜单键	在菜单模式和正常模式之间切换，在菜单模式下可设置应用测量与照明调节、仪器系统误差改正
ESC	退出键	• 返回测量模式或上一层模式； • 从正常测量模式直接进入数据采集模式或放样模式； • 也可用作为正常测量模式下的记录键
ENT	确认输入键	在输入值之后按此键
F1-F4	软键（功能键）	对应于显示的软键功能信息

表4-4　常用符号含义

显示符号	内容	显示符号	内容
V%	垂直角（坡度显示）	E	东向坐标
HR	水平角（右角）	Z	高程
HL	水平角（左角）	*	EDM（电子测距）正在进行
HD	水平距离	m	以米为单位
VD	高差	f	以英尺/英寸为单位
SD	倾斜	NP	切换棱镜/无棱镜模式
N	北向坐标	⊞	激光发射标志

二、角度测量

安置好仪器后，开机转动望远镜进行初始化，默认进入角度测量模式，若在其他模式下按ANG键切入角度测量模式。角度测量模式分为3个页面，软键信息显示在显示屏幕的最底行如图4-6所示，各软键的功能见表4-5。

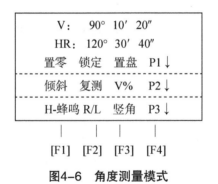

图4-6　角度测量模式

表4-5　角度测量模式各软键的功能

页数	软键	显示符号	功能
1	F1	置零	水平角置为0° 00′ 00″
	F2	锁定	水平角读数锁定
	F3	置盘	通过键盘输入数字设置水平角
	F4	P1↓	显示第2页软键功能
2	F1	倾斜	设置倾斜改正开或关，若选择开，则显示倾斜改正值
	F2	复测	角度重复测量模式
	F3	V%	垂直角百分比坡度（%）显示
	F4	P2↓	显示第3页软键功能

页数	软键	显示符号	功能
3	F1	H-蜂鸣	仪器每转动水平角90° 是否要发出蜂鸣声的设置
	F2	R/L	水平角左/右计数方向的转换
	F3	竖角	垂直角显示格式（高度角/天顶距）的切换
	F4	P3↓	显示第1页软件功能

三、距离测量

按键◢键切入距离测量模式。距离测量模式分为3个页面，软键信息显示在显示屏幕的最底行如图4-7所示，各软键的功能见表4-6。

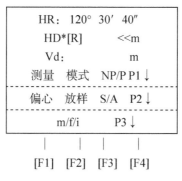

图4-7　距离测量模式

表4-6　距离测量模式各软键的功能

页数	软键	显示符号	功能
1	F1	测量	启动测量
	F2	模式	设置测距模式，精测/粗测/跟踪
	F3	NP/P	无/有棱镜模式切换
	F4	P1↓	显示第2页软键功能
2	F1	偏心	偏心测量模式
	F2	放样	放样测量模式
	F3	S/A	设置音响模式
	F4	P2↓	显示第3页软键功能
3	F2	m/f/i	米、英尺或者英寸单位的变换
	F4	P3↓	显示第1页软件功能

在进行距离测量时，首先要进行棱镜常数、大气改正值或气温、气压值等参数的设置，所谓棱镜常数就是光在棱镜中的传播速度和在空气中不一致而引起的测距误差，通常

会使距离测量值大一些，可通过棱镜常数进行改正。光在大气中的传播速度会随大气的温度和气压而变化，15℃和760mmHg是仪器设置的一个标准值，此时的大气改正为0ppm。实测时，可输入温度和气压值，全站仪会自动计算大气改正值（也可直接输入大气改正值），并对测距结果进行改正。

距离测量可设为单次测量和N次测量。一般设为单次测量，以节约用电。距离测量可区分3种测量模式，即精测模式、粗测模式、跟踪模式。当距离测量模式和观测次数设定后，在测角模式下，照准棱镜中心，按◢键，即开始连续测量距离，显示内容从上往下分别为水平角（HR）、平距（HD）和高差（VD）。或再按◢键一次，显示内容变为水平角（HR）、垂直角（V）和斜距（SD）。当不再需要连续测量时，可按F1（测量）键，按设定的次数测量距离，最后显示距离平均值。

四、坐标测量

可以按下坐标测量键，也可以在MENU菜单下操作进入坐标测量模式。坐标测量模式分为3个页面，软键信息显示在显示屏幕的最底行如图4-8所示，各软键的功能见表4-7。

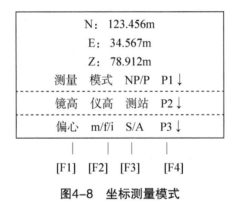

图4-8　坐标测量模式

表4-7　坐标测量模式各软键的功能表

页数	软键	显示符号	功能
1	F1	测量	开始测量
	F2	模式	设置测距模式，精测/粗测/跟踪
	F3	NP/P	无/有棱镜模式切换
	F4	P1↓	显示第2页软键功能
2	F1	镜高	输入棱镜高
	F2	仪高	输入仪器高
	F3	测站	输入测站点（仪器站）坐标
	F4	P2↓	显示第3页软键功能

续表

页数	软键	显示符号	功能
3	F1	偏心	偏心测量模式
	F2	m/f/i	米、英尺或英寸单位的变换
	F3	S/A	设置音响模式
	F4	P3↓	显示第1页软件功能

　　输入待测点点号、编码、棱镜高，即可进行坐标测量。测量数据被存储后，显示屏变换下一个镜点，点号自动增加，即可进行下一个点的坐标测量。

第五部分 附表

附表1 测回法观测水平角记录表

测回法观测水平角记录表（1）

班级_____组号_____组长_____仪器_____编号_____

成像_____温度_____气压_____日期：_____年___月___日

测站	目标	竖盘位置	水平度盘读数 （° ′ ″）	半测回角值	一测回平均角值 （° ′ ″）	备注
		左				
		右				
		左				
		右				
		左				
		右				
		左				
		右				
		左				
		右				
		左				
		右				
		左				
		右				

观测者_____   记录者_____

测回法观测水平角记录表（2）

班级_____组号_____组长_____仪器_____编号_____

成像_____温度_____气压_____日期：_____年____月____日

测站	目标	竖盘位置	水平度盘读数 （° ′ ″）	半测回角值	一测回平均角值 （° ′ ″）	备注
		左				
		右				
		左				
		右				
		左				
		右				
		左				
		右				
		左				
		右				
		左				
		右				
		左				
		右				

观测者_____　　　　记录者_____

附表2　测回法观测竖直角记录表

测回法观测竖直角记录表（1）

班级_____组号_____组长_____仪器_____编号_____

成像_____温度_____气压_____日期：_____年___月___日

测站	目标	竖盘位置	竖盘读数（° ′ ″）	半测回竖直角（° ′ ″）	指标差（′ ″）	一测回竖直角（° ′ ″）
		左				
		右				
		左				
		右				
		左				
		右				
		左				
		右				
		左				
		右				
		左				
		右				
		左				
		右				
		左				
		右				
		左				
		右				
		左				
		右				

观测者_____　　　　记录者_____

测回法观测竖直角记录表（2）

班级＿＿＿＿＿组号＿＿＿＿＿组长＿＿＿＿＿仪器＿＿＿＿＿编号＿＿＿＿＿
成像＿＿＿＿＿温度＿＿＿＿气压＿＿＿＿日期：＿＿＿＿年＿＿月＿＿日

测站	目标	竖盘位置	竖盘读数（° ′ ″）	半测回竖直角（° ′ ″）	指标差（′ ″）	一测回竖直角（° ′ ″）
		左				
		右				
		左				
		右				
		左				
		右				
		左				
		右				
		左				
		右				
		左				
		右				
		左				
		右				
		左				
		右				
		左				
		右				
		左				
		右				
		左				
		右				

观测者＿＿＿＿＿＿ 记录者＿＿＿＿＿＿

附表3 水平角方向观测法记录表

水平角方向观测法记录表（1）

第___测回

第___测回

天气：_____ 成像：_____

仪器____No_____ 班___级：_____ 观测者：_____

点名：_____ 组___别：_____ 记录者：_____

等级：_____

日期：_____ 年___月___日 开始：___时___分 结束：___时___分

方向号数名称及照准目标	读数					左-右(2C)	左+右/2	方向值	附注
	盘左			盘右					
	° '	"		° '	"	"	"	° ' "	

水平角方向观测法记录表（2）

第＿＿测回　　仪器＿＿＿＿　No.＿＿＿＿　　点名：＿＿＿＿　　等级：＿＿＿＿　　日期：＿＿＿＿　　＿＿年＿＿月＿＿日
天气：＿＿＿＿　班＿＿级：＿＿＿＿　组＿＿别：＿＿＿＿　　观测者：＿＿＿＿　开始：＿＿＿时＿＿＿分
成像：＿＿＿＿　观测者：＿＿＿＿　记录者：＿＿＿＿　　结束：＿＿＿时＿＿＿分

方向号数名称及照准目标	读数		左－右（2C）	左＋右/2	方向值	附注
	盘左	盘右				
	° ′ ″	° ′ ″	″	″	° ′ ″	

水平角方向观测法记录表（3）

仪器_____ No._____　　　　点名_____　　　　等级_____　　　　日期_____　　　　年___月___日

班　级_____　　　　组　别_____　　　　开始：___时___分

观测者_____　　　　记录者_____　　　　结束：___时___分

第___测回

天气：_____

成像：_____

方向号数名称及照准目标	读数			左−右(2C)	$\frac{左+右}{2}$	方向值	附注
	盘左	盘右					
	° ′ ″	″	° ′ ″	″	″	° ′ ″	

水平角方向观测法记录表（4）

第___测回　　　　　点名：_____　　　等级：_____　　　日期：_____　开始：___年___月___日
天气：_____　No._____　　　组别：_____
成像：_____　仪器：_____　班级：_____　观测者：_____　　　　　　结束：___时___分

方向号数名称及照准目标	读数				左－右（2C）	$\frac{左＋右}{2}$	方向值	附注
	盘左		盘右					
	° ′	″	° ′	″	″	″	° ′ ″	

附表4 导线观测记录表

导线观测记录表（1）

班级_____组号_____组长_____仪器_____编号_____
成像_____温度_____气压_____日期：_____年___月___日

测回序号	觇点	读数（°′″）		2C（″）	半测回方向值（°′″）	方向值（°′″）
		盘左	盘右			

垂直角观测：

测回序号	觇点	读数（°′″）		指标差（″）	垂直角（°′″）	目标高（m）
		盘左	盘右			

边长观测：

测回序号	由_____至_____ 距离（斜距）测量（m）				测回序号	由_____至_____ 距离（斜距）测量（m）			
	读数1	读数2	读数3	平均		读数1	读数2	读数3	平均
测距中数					测距中数				

测站：_____观测者_____记录者_____

导线观测记录表（2）

班级_____组号_____组长_____仪器_____编号_____
成像_____温度_____气压_____日期：_____年___月___日

测回序号	觇点	读数（°′″）		2C（″）	半测回方向值（°′″）	方向值（°′″）
		盘左	盘右			

垂直角观测：

测回序号	觇点	读数（°′″）		指标差（″）	垂直角（°′″）	目标高（m）
		盘左	盘右			

边长观测：

由_____至_____

由_____至_____

测回序号	距离（斜距）测量（m）				测回序号	距离（斜距）测量（m）			
	读数1	读数2	读数3	平均		读数1	读数2	读数3	平均
测距中数					测距中数				

测站：_____观测者_____记录者_____

导线观测记录表（3）

班级_____组号_____组长_____仪器_____编号_____
成像_____温度_____气压_____日期：_____年___月___日

测回序号	觇点	读数（° ′ ″）		2C（″）	半测回方向值（° ′ ″）	方向值（° ′ ″）
		盘左	盘右			

垂直角观测：

测回序号	觇点	读数（° ′ ″）		指标差（″）	垂直角（° ′ ″）	目标高（m）
		盘左	盘右			

边长观测：

测回序号	距离（斜距）测量（m）由_____至_____				测回序号	距离（斜距）测量（m）由_____至_____			
	读数1	读数2	读数3	平均		读数1	读数2	读数3	平均
测距中数					测距中数				

测站：_____观测者_____记录者_____

导线观测记录表（4）

班级_____ 组号_____ 组长_____ 仪器_____ 编号_____

成像_____ 温度_____ 气压_____ 日期：_____ 年____ 月____ 日

测回序号	觇点	读数（° ′ ″）		2C（″）	半测回方向值（° ′ ″）	方向值（° ′ ″）
		盘左	盘右			

垂直角观测：

测回序号	觇点	读数（° ′ ″）		指标差（″）	垂直角（° ′ ″）	目标高（m）
		盘左	盘右			

边长观测：

测回序号	由_____至_____ 距离（斜距）测量（m）				测回序号	由_____至_____ 距离（斜距）测量（m）			
	读数1	读数2	读数3	平均		读数1	读数2	读数3	平均
测距中数					测距中数				

测站：_____ 观测者_____ 记录者_____

导线观测记录表（5）

班级_____组号_____组长_____仪器_____编号_____
成像_____温度_____气压_____日期：_____年___月___日

测回序号	觇点	读数（°′″）		2C（″）	半测回方向值（°′″）	方向值（°′″）
		盘左	盘右			

垂直角观测：

测回序号	觇点	读数（°′″）		指标差（″）	垂直角（°′″）	目标高（m）
		盘左	盘右			

边长观测：

测回序号	由_____至_____ 距离（斜距）测量（m）				测回序号	由_____至_____ 距离（斜距）测量（m）			
	读数1	读数2	读数3	平均		读数1	读数2	读数3	平均
测距中数				测距中数					

测站：_____观测者_____记录者_____

导线观测记录表（6）

班级_____组号_____组长_____仪器_____编号_____
成像_____温度_____气压_____日期：_____年____月____日

测回序号	觇点	读数（°′″）		2C（″）	半测回方向值（°′″）	方向值（°′″）
		盘左	盘右			

垂直角观测：

测回序号	觇点	读数（°′″）		指标差（″）	垂直角（°′″）	目标高（m）
		盘左	盘右			

边长观测：

由_____至_____　　　　由_____至_____

测回序号	距离（斜距）测量（m）				测回序号	距离（斜距）测量（m）			
	读数1	读数2	读数3	平均		读数1	读数2	读数3	平均
测距中数					测距中数				

测站：_____观测者_____记录者_____

导线观测记录表（7）

班级_____组号_____组长_____仪器_____编号_____
成像_____温度_____气压_____日期：_____年___月___日

测回序号	觇点	读数（° ′ ″）		2C（″）	半测回方向值（° ′ ″）	方向值（° ′ ″）
		盘左	盘右			

垂直角观测：

测回序号	觇点	读数（° ′ ″）		指标差（″）	垂直角（° ′ ″）	目标高（m）
		盘左	盘右			

边长观测：

由_____至_____				由_____至_____				
测回序号	距离（斜距）测量（m）				测回序号	距离（斜距）测量（m）		
	读数1	读数2	读数3	平均		读数1	读数2	读数3	平均
测距中数					测距中数				

测站：_____观测者_____记录者_____

导线观测记录表（8）

班级_____组号_____组长_____仪器_____编号_____
成像_____温度_____气压_____日期：_____年___月___日

测回序号	觇点	读数（°′″）		2C（″）	半测回方向值（°′″）	方向值（°′″）
		盘左	盘右			

垂直角观测：

测回序号	觇点	读数（°′″）		指标差（″）	垂直角（°′″）	目标高（m）
		盘左	盘右			

边长观测：

测回序号	由_____至_____ 距离（斜距）测量（m）				测回序号	由_____至_____ 距离（斜距）测量（m）			
	读数1	读数2	读数3	平均		读数1	读数2	读数3	平均
测距中数					测距中数				

测站：_____观测者_____记录者_____

附表5 高、低点法测定视准轴和横轴误差记录表

高、低点法测定视准轴和横轴误差记录表（1a）

班级_____ 组号_____ 组长_____ 仪器_____ 编号_____
成像_____ 温度_____ 气压_____ 日期：_____年___月___日

度盘位置	照准点	读　数				2c (左－右 ±180°)	$\frac{1}{2}$(左＋右±180°)	角　度
		盘左（L）		盘右（R）				
°		° ′ ″	″	° ′ ″	″	″	° ′ ″	° ′ ″
0 （顺）	1 高点							
	2 低点							
30	1							
	2							
60	1							
	2							
90 （逆）	1							
	2							
120	1							
	2							
150	1							
	2							

$$c_{高} = \frac{1}{2m}\sum_{1}^{n}(L-R)_{高} =$$

$$c_{低} = \frac{1}{2m}\sum_{1}^{n}(L-R)_{低} =$$

高、低点法测定视准轴和横轴误差记录表（1b）

照准点	测回	读　数						指标差 "	垂 直 角 ° ′ "
		盘　左			盘　右				
		° ′	"	"	° ′	"	"		
高 点	Ⅰ								
	Ⅱ								
	Ⅲ								
	中数								
低 点	Ⅰ								
	Ⅱ								
	Ⅲ								
	中　数								
$\alpha=$									

水平轴不垂直于垂直轴之差：$i=\dfrac{1}{2}(c_{高}-c_{低})\cot\alpha=$

观测者＿＿＿＿＿＿＿　　记录者＿＿＿＿＿＿

高、低点法测定视准轴和横轴误差记录表（2a）

班级_____组号_____组长_____仪器_____编号_____

成像_____温度_____气压_____日期：_____年___月___日

度盘位置	照准点	读 数				2c (左−右 ±180°)	$\frac{1}{2}$(左＋右±180°)	角 度
		盘左（L）		盘右（R）				
°		° ′ ″	″	° ′ ″	″	″	° ′ ″	° ′ ″
0 （顺）	1 高点							
	2 低点							
30	1							
	2							
60	1							
	2							
90 （逆）	1							
	2							
120	1							
	2							
150	1							
	2							
$$c_{高}=\frac{1}{2m}\sum_{1}^{n}(L-R)_{高}=$$ $$c_{低}=\frac{1}{2m}\sum_{1}^{n}(L-R)_{低}=$$								

高、低点法测定视准轴和横轴误差记录表（2b）

照准点	测回	读　数						指标差 "	垂直角 ° ′ "
		盘　左			盘　右				
		° ′	"	"	° ′	"	"		
高 点	Ⅰ								
	Ⅱ								
	Ⅲ								
	中数								
低 点	Ⅰ								
	Ⅱ								
	Ⅲ								
	中　数								
$\alpha=$									

水平轴不垂直于垂直轴之差：$i=\dfrac{1}{2}(c_{高}-c_{低})\cot\alpha=$

观测者_____　记录者_____

附表6 一（二）等水准观测记录表

一（二）等水准观测记录表（1）

班级_____组号_____组长_____仪器_____编号_____

成像_____温度_____气压_____日期：_____年___月___日

测站编号	后尺 上丝/下丝	前尺 上丝/下丝	方向及尺号	标尺读数		基+K 减辅 （一减二）	备考
	后视距	前视距		基本分划 （一次）	辅助分划 （二次）		
	视距差d	Σd					
			后				
			前				
			后－前				
			h				
			后				
			前				
			后－前				
			h				
			后				
			前				
			后－前				
			h				
			后				
			前				
			后－前				
			h				
			后				
			前				
			后－前				
			h				
			后				
			前				
			后－前				
			h				
			后				
			前				
			后－前				
			h				
测段计算			后				
			前				
			后－前				
			h				

观测者_____ 记录者_____

一（二）等水准观测记录表（2）

班级＿＿＿＿＿ 组号＿＿＿＿ 组长＿＿＿＿ 仪器＿＿＿＿ 编号＿＿＿＿
成像＿＿＿＿＿ 温度＿＿＿ 气压＿＿＿＿ 日期：＿＿＿年＿＿月＿＿日

测站编号	后尺 上丝 / 下丝	前尺 上丝 / 下丝	方向及尺号	标尺读数		基+K 减辅（一减二）	备 考
	后视距	前视距		基本分划（一次）	辅助分划（二次）		
	视距差d	Σd					
			后				
			前				
			后－前				
			h				
			后				
			前				
			后－前				
			h				
			后				
			前				
			后－前				
			h				
			后				
			前				
			后－前				
			h				
			后				
			前				
			后－前				
			h				
			后				
			前				
			后－前				
			h				
			后				
			前				
			后－前				
			h				
测段计算			后				
			前				
			后－前				
			h				

观测者＿＿＿＿＿＿ 记录者＿＿＿＿＿＿

一（二）等水准观测记录表（3）

班级_____ 组号_____ 组长_____ 仪器_____ 编号_____
成像_____ 温度_____ 气压_____ 日期：_____年___月___日

测站编号	后尺 上丝 / 下丝 / 后视距 / 视距差d	前尺 上丝 / 下丝 / 前视距 / Σd	方向及尺号	标尺读数 基本分划（一次）	标尺读数 辅助分划（二次）	基+K 减辅（一减二）	备考
			后				
			前				
			后－前				
			h				
			后				
			前				
			后－前				
			h				
			后				
			前				
			后－前				
			h				
			后				
			前				
			后－前				
			h				
			后				
			前				
			后－前				
			h				
			后				
			前				
			后－前				
			h				
			后				
			前				
			后－前				
			h				
测段计算			后				
			前				
			后－前				
			h				

观测者_____ 记录者_____

一（二）等水准观测记录表（4）

班级_____组号_____组长_____仪器_____编号_____
成像_____温度_____气压_____日期：_____年____月____日

测站编号	后尺 上丝／下丝 后视距 视距差d	前尺 上丝／下丝 前视距 Σd	方向及尺号	标尺读数		基+K 减辅（一减二）	备　考
				基本分划（一次）	辅助分划（二次）		
			后				
			前				
			后－前				
			h				
			后				
			前				
			后－前				
			h				
			后				
			前				
			后－前				
			h				
			后				
			前				
			后－前				
			h				
			后				
			前				
			后－前				
			h				
			后				
			前				
			后－前				
			h				
			后				
			前				
			后－前				
			h				
测段计算			后				
			前				
			后－前				
			h				

观测者_____　　记录者_____

一（二）等水准观测记录表（5）

班级_____组号_____组长_____仪器_____编号_____
成像_____温度_____气压_____日期：_____年___月___日

测站编号	后尺 上丝 下丝	前尺 上丝 下丝	方向及尺号	标尺读数		基+K减辅（一减二）	备考
	后视距	前视距		基本分划（一次）	辅助分划（二次）		
	视距差d	Σd					
			后				
			前				
			后－前				
			h				
			后				
			前				
			后－前				
			h				
			后				
			前				
			后－前				
			h				
			后				
			前				
			后－前				
			h				
			后				
			前				
			后－前				
			h				
			后				
			前				
			后－前				
			h				
			后				
			前				
			后－前				
			h				
测段计算			后				
			前				
			后－前				
			h				

观测者_____ 记录者_____

一（二）等水准观测记录表（6）

班级_____组号_____组长_____仪器_____编号_____
成像_____温度_____气压_____日期：_____年___月___日

测站编号	后尺 上丝 下丝	前尺 上丝 下丝	方向及尺号	标尺读数		基+K 减辅（一减二）	备　考
	后视距	前视距		基本分划（一次）	辅助分划（二次）		
	视距差d	Σd					
			后				
			前				
			后－前				
			h				
			后				
			前				
			后－前				
			h				
			后				
			前				
			后－前				
			h				
			后				
			前				
			后－前				
			h				
			后				
			前				
			后－前				
			h				
			后				
			前				
			后－前				
			h				
			后				
			前				
			后－前				
			h				
测段计算			后				
			前				
			后－前				
			h				

观测者_____　记录者_____

一（二）等水准观测记录表（7）

班级_____组号_____组长_____仪器_____编号_____
成像_____温度_____气压_____日期：_____年___月___日

测站编号	后尺	上丝	前尺	上丝	方向及尺号	标尺读数		基+K减辅（一减二）	备考
		下丝		下丝					
	后视距		前视距			基本分划（一次）	辅助分划（二次）		
	视距差d		Σd						
					后				
					前				
					后－前				
					h				
					后				
					前				
					后－前				
					h				
					后				
					前				
					后－前				
					h				
					后				
					前				
					后－前				
					h				
					后				
					前				
					后－前				
					h				
					后				
					前				
					后－前				
					h				
					后				
					前				
					后－前				
					h				
测段计算					后				
					前				
					后－前				
					h				

观测者_____ 记录者_____

一（二）等水准观测记录表（8）

班级_____ 组号_____ 组长_____ 仪器_____ 编号_____
成像_____ 温度_____ 气压_____ 日期：_____年___月___日

测站编号	后尺 上丝／下丝 后视距 视距差d	前尺 上丝／下丝 前视距 Σd	方向及尺号	标尺读数 基本分划（一次）	标尺读数 辅助分划（二次）	基+K 减辅（一减二）	备考
			后				
			前				
			后－前				
			h				
			后				
			前				
			后－前				
			h				
			后				
			前				
			后－前				
			h				
			后				
			前				
			后－前				
			h				
			后				
			前				
			后－前				
			h				
			后				
			前				
			后－前				
			h				
			后				
			前				
			后－前				
			h				
测段计算			后				
			前				
			后－前				
			h				

观测者_____ 记录者_____

附表7 水准仪 i 角检验记录表

水准仪 i 角检验记录表（1）

仪器：_____ 水准尺：No_____ 观测者：_____

时间：_____ No_____ 记录者：_____

日期：_____ 成 像：_____ 检查者：_____

测站	观测次序	水准标尺读数		高差（a–b）mm	i 角的计算
		A尺读数a	B尺读数b		
J_1	1				AB标尺间距离S=20.6m，2Δ mm $=a_2-b_2-(a_1-b_1)$
	2				$=$ mm
	3				$i''=10\Delta=$ "
	4				
	中数				
J_2	1				
	2				
	3				
	4				
	中数				
	1				
	2				
	3				
	4				
	中数				
	1				
	2				
	3				
	4				
	中数				

附图：

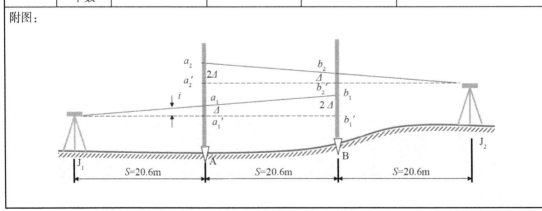

水准仪 i 角检验记录表（2）

仪器：＿＿＿＿＿＿＿＿ 水准尺：No＿＿＿＿＿＿＿＿ 观测者：＿＿＿＿＿＿＿

时间：＿＿＿＿＿＿＿＿   No＿＿＿＿＿＿＿＿ 记录者：＿＿＿＿＿＿＿

日期：＿＿＿＿＿＿＿ 成 像：＿＿＿＿＿＿＿＿ 检查者：＿＿＿＿＿＿＿

测站	观测次序	水准标尺读数		高差（$a-b$）mm	i 角的计算
		A 尺读数 a	B 尺读数 b		
J_1	1				AB 标尺间距离 S=20.6m，
	2				2Δ mm $=a_2-b_2-(a_1-b_1)$
	3				$\qquad\qquad =\qquad\qquad$ mm
	4				$i''=10\Delta=\qquad\qquad\qquad$ "
	中数				
J_2	1				
	2				
	3				
	4				
	中数				
	1				
	2				
	3				
	4				
	中数				
	1				
	2				
	3				
	4				
	中数				

附图：

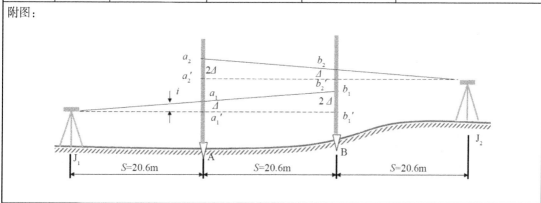

附表8 三角高程计算表

三角高程计算表（1）

班级_____组号_____组长_____仪器_____编号_____

成像_____温度_____气压_____日期：_____年___月___日

测向						
观测斜距d						
竖直角α						
仪器高i						
棱镜高v						
$h'=d\sin\alpha+i-v$						
$E=Cd^2\cos^2\alpha$						
$h=h'+E$						
往返测不符值						
高差中数						
边名						
测向						
观测斜距d						
竖直角α						
仪器高i						
棱镜高v						
$h'=d\sin\alpha+i-v$						
$E=Cd^2\cos^2\alpha$						
$h=h'+E$						
往返测不符值						
高差中数						
边名						
测向						
观测斜距d						
竖直角α						
仪器高i						
棱镜高v						
$h'=d\sin\alpha+i-v$						
$E=Cd^2\cos^2\alpha$						
$h=h'+E$						
往返测不符值						
高差中数						

观测者_____   记录者_____

三角高程计算表（2）

班级_____组号_____组长_____仪器_____编号_____
成像_____温度_____气压_____日期：_____年___月___日

测向					
观测斜距d					
竖直角α					
仪器高i					
棱镜高v					
$h' = d\sin\alpha + i - v$					
$E = Cd^2\cos^2\alpha$					
$h = h' + E$					
往返测不符值					
高差中数					
边名					
测向					
观测斜距d					
竖直角α					
仪器高i					
棱镜高v					
$h' = d\sin\alpha + i - v$					
$E = Cd^2\cos^2\alpha$					
$h = h' + E$					
往返测不符值					
高差中数					
边名					
测向					
观测斜距d					
竖直角α					
仪器高i					
棱镜高v					
$h' = d\sin\alpha + i - v$					
$E = Cd^2\cos^2\alpha$					
$h = h' + E$					
往返测不符值					
高差中数					

观测者_____　记录者_____

三角高程计算表（3）

班级_____组号_____组长_____仪器_____编号_____
成像_____温度_____气压_____日期：_____年____月____日

测向					
观测斜距d					
竖直角α					
仪器高i					
棱镜高v					
$h' = d\sin\alpha + i - v$					
$E = Cd^2\cos^2\alpha$					
$h = h' + E$					
往返测不符值					
高差中数					
边名					
测向					
观测斜距d					
竖直角α					
仪器高i					
棱镜高v					
$h' = d\sin\alpha + i - v$					
$E = Cd^2\cos^2\alpha$					
$h = h' + E$					
往返测不符值					
高差中数					
边名					
测向					
观测斜距d					
竖直角α					
仪器高i					
棱镜高v					
$h' = d\sin\alpha + i - v$					
$E = Cd^2\cos^2\alpha$					
$h = h' + E$					
往返测不符值					
高差中数					

观测者_____   记录者_____

三角高程计算表（4）

班级_____ 组号_____ 组长_____ 仪器_____ 编号_____

成像_____ 温度_____ 气压_____ 日期：_____年___月___日

测向					
观测斜距d					
竖直角α					
仪器高i					
棱镜高v					
$h' = d\sin\alpha + i - v$					
$E = Cd^2\cos^2\alpha$					
$h = h' + E$					
往返测不符值					
高差中数					
边名					
测向					
观测斜距d					
竖直角α					
仪器高i					
棱镜高v					
$h' = d\sin\alpha + i - v$					
$E = Cd^2\cos^2\alpha$					
$h = h' + E$					
往返测不符值					
高差中数					
边名					
测向					
观测斜距d					
竖直角α					
仪器高i					
棱镜高v					
$h' = d\sin\alpha + i - v$					
$E = Cd^2\cos^2\alpha$					
$h = h' + E$					
往返测不符值					
高差中数					

观测者_____ 记录者_____

三角高程计算表（5）

班级_____ 组号_____ 组长_____ 仪器_____ 编号_____

成像_____ 温度_____ 气压_____ 日期：_____年___月___日

测向						
观测斜距d						
竖直角α						
仪器高i						
棱镜高v						
$h' = d\sin\alpha + i - v$						
$E = Cd^2\cos^2\alpha$						
$h = h' + E$						
往返测不符值						
高差中数						
边名						
测向						
观测斜距d						
竖直角α						
仪器高i						
棱镜高v						
$h' = d\sin\alpha + i - v$						
$E = Cd^2\cos^2\alpha$						
$h = h' + E$						
往返测不符值						
高差中数						
边名						
测向						
观测斜距d						
竖直角α						
仪器高i						
棱镜高v						
$h' = d\sin\alpha + i - v$						
$E = Cd^2\cos^2\alpha$						
$h = h' + E$						
往返测不符值						
高差中数						

观测者_____   记录者_____

三角高程计算表（6）

班级_____组号_____组长_____仪器_____编号_____
成像_____温度_____气压_____日期：_____年___月___日

测向					
观测斜距d					
竖直角α					
仪器高i					
棱镜高v					
$h' = d\sin\alpha + i - v$					
$E = Cd^2\cos^2\alpha$					
$h = h' + E$					
往返测不符值					
高差中数					
边名					
测向					
观测斜距d					
竖直角α					
仪器高i					
棱镜高v					
$h' = d\sin\alpha + i - v$					
$E = Cd^2\cos^2\alpha$					
$h = h' + E$					
往返测不符值					
高差中数					
边名					
测向					
观测斜距d					
竖直角α					
仪器高i					
棱镜高v					
$h' = d\sin\alpha + i - v$					
$E = Cd^2\cos^2\alpha$					
$h = h' + E$					
往返测不符值					
高差中数					

观测者_____　记录者_____

附表9 导线平差计算表

导线平差计算表（1）

班级＿＿＿＿＿ 组号＿＿＿＿＿ 组长＿＿＿＿＿ 计算者＿＿＿＿＿ 日期：＿＿＿＿＿年＿＿＿月＿＿＿日

点号	观测右角 (° ′ ″)	改正数 (″)	改正后角值 (° ′ ″)	坐标方位角 (° ′ ″)	距离 (m)	坐标增量		改正后的坐标增量		坐标值		点号
						ΔX (m)	ΔY (m)	$\Delta \hat{X}$ (m)	$\Delta \hat{Y}$ (m)	$\hat{X}$ (m)	$\hat{Y}$ (m)	
辅助计算	$f_\beta=$ $f_{\beta 允}=$		$f_x=$		$f_y=$			$f_D=$		$K_D=$		

导线平差计算表（2）

班级 _____　组号 _____　组长 _____　计算者 _____　日期: _____ 年 _____ 月 _____ 日

点号	观测右角 （° ′ ″）	改正数 （″）	改正后角值 （° ′ ″）	坐标方位角 （° ′ ″）	距离 （m）	坐标增量		改正后的坐标增量		坐标值		点号
						ΔX（m）	ΔY（m）	$\Delta \hat{X}$（m）	$\Delta \hat{Y}$（m）	$\hat{X}$（m）	$\hat{Y}$（m）	
辅 助 计 算	$f_\beta=$ $f_{\beta 允}=$		$f_x=$		$f_y=$			$f_D=$		$K_D=$		

导线平差计算表（3）

班级_____ 组号_____ 组长_____ 计算者_____ 日期：_____ 年____ 月____ 日

点号	观测右角 (° ′ ″)	改正数 (″)	改正后角值 (° ′ ″)	坐标方位角 (° ′ ″)	距离 (m)	坐标增量 ΔX (m)	坐标增量 ΔY (m)	改正后的坐标增量 Δx̂ (m)	改正后的坐标增量 Δŷ (m)	坐标值 x̂ (m)	坐标值 ŷ (m)	点号
辅助计算	$f_\beta=$ $f_{\beta 允}=$		$f_x=$			$f_y=$		$f_D=$		$K_D=$		

102

导线平差计算表（4）

班级＿＿＿＿　组号＿＿＿＿　组长＿＿＿＿　计算者＿＿＿＿　日期：＿＿＿＿年＿＿月＿＿日

点号	观测右角 (° ′ ″)	改正数 (″)	改正后角值 (° ′ ″)	坐标方位角 (° ′ ″)	距离 (m)	坐标增量		改正后的坐标增量		坐标值		点号
						ΔX (m)	ΔY (m)	$\Delta \hat{X}$ (m)	$\Delta \hat{Y}$ (m)	$\hat{X}$ (m)	$\hat{Y}$ (m)	
辅助计算	$f_\beta=$ $f_{\beta容}=$		$f_x=$		$f_y=$		$f_D=$			$K_D=$		

导线平差计算表（5）

班级_____ 组号_____ 组长_____ 计算者_____ 日期：_____年____月____日

点号	观测右角 (° ′ ″)	改正数 (″)	改正后角值 (° ′ ″)	坐标方位角 (° ′ ″)	距离 (m)	坐标增量		改正后的坐标增量		坐标值		点号
						ΔX (m)	ΔY (m)	Δ$\hat{X}$ (m)	Δ$\hat{Y}$ (m)	$\hat{X}$ (m)	$\hat{Y}$ (m)	
辅助计算	$f_\beta=$ $f_{\beta允}=$		$f_x=$		$f_y=$		$f_D=$		$K_D=$			

导线平差计算表（6）

班级 _____ 组号 _____ 组长 _____ 计算者 _____ 日期：_____ 年 _____ 月 _____ 日

点号	观测右角 (° ′ ″)	改正数 (″)	改正后值 (° ′ ″)	坐标方位角 (° ′ ″)	距离 (m)	坐标增量		改正后的坐标增量		坐标值		点号
						ΔX (m)	ΔY (m)	$\Delta \hat{X}$ (m)	$\Delta \hat{Y}$ (m)	$\hat{X}$ (m)	$\hat{Y}$ (m)	
辅助计算	$f_\beta=$ $f_{\beta允}=$		$f_x=$		$f_y=$			$f_D=$		$K_D=$		

附表10　高程平差计算表

高程平差计算表（1）

班级_____组号_____组长_____记算者_____日期：_____年_____月_____日

点号	测站数	高差 （m）	高差改正数 （m）	改正后高差 （m）	高程 （m）
Σ					

$f_h=$　　　　　　　　　　　　　　　　$f_{h容}=$

观测者_____　　　记录者_____

高程平差计算表（2）

班级_____组号_____组长_____记算者_____ 日期：_____年____月____日

点号	测站数	高差（m）	高差改正数（m）	改正后高差（m）	高程（m）
Σ					

$f_h=$ 　　　　　　　　　　$f_{h容}=$

观测者_____ 记录者_____

高程平差计算表（3）

班级_____组号_____组长_____记算者_____日期：_____年____月____日

点号	测站数	高差 （m）	高差改正数 （m）	改正后高差 （m）	高程 （m）
Σ					

$f_h=$ 　　　　　　　　　　　　　　　$f_{h容}=$

观测者_____　　记录者_____

高程平差计算表（4）

班级_____组号_____组长_____记算者_____日期：_____年____月____日

点号	测站数	高差 （m）	高差改正数 （m）	改正后高差 （m）	高程 （m）
Σ					

$f_h=$　　　　　　　　　　　　　　　　$f_{h容}=$

观测者_____　记录者_____

高程平差计算表（5）

班级_____组号_____组长_____记算者_____日期：_____年_____月_____日

点号	测站数	高差（m）	高差改正数（m）	改正后高差（m）	高程（m）
Σ					

$f_h=$ $f_{h容}=$

观测者_____   记录者_____

高程平差计算表（6）

班级_____组号_____组长_____记算者_____日期：_____年____月____日

点号	测站数	高差（m）	高差改正数（m）	改正后高差（m）	高程（m）
Σ					

$f_h=$ $f_{h容}=$

观测者_____　　记录者_____